江苏高校优势学科建设工程资助项目
苏州大学艺术学优势学科建设学术文库

服装模特表演简论

著／戴岚

苏州大学出版社

图书在版编目(CIP)数据

服装模特表演简论 / 戴岗著. —苏州：苏州大学
出版社,2016.12(2022.7重印)
江苏高校优势学科建设工程资助项目
ISBN 978-7-5672-1966-3

Ⅰ.①服… Ⅱ.①戴… Ⅲ.①时装模特—表演艺术
Ⅳ.①TS942.2

中国版本图书馆 CIP 数据核字(2016)第 306635 号

书　　名：服装模特表演简论
著　　者：戴　岗
责任编辑：方　圆
出版发行：苏州大学出版社(Soochow University Press)
社　　址：苏州市十梓街 1 号　邮编：215006
印　　刷：广东虎彩云印刷有限公司
网　　址：www.sudapress.com
邮购热线：0512-67480030
销售热线：0512-65225020
开　　本：787 mm×1 092 mm　1/16　印张：7.75　字数：152 千
版　　次：2016 年 12 月第 1 版
印　　次：2022 年 7 月第 2 次印刷
书　　号：ISBN 978-7-5672-1966-3
定　　价：38.00 元

目 录
Contents

第一章　服装模特与模特表演概述

服装表演构建了服装设计师与消费者之间的桥梁。从广义上讲,服装表演是把设计师设计的服装产品进行展示的一种表达方式(图 1-0-1)[①],一般是让模特按照设计师的设计理念,穿戴好所设计的服装成品及配饰,并在特定的场所向观众,尤其是向时尚媒体、记者、时尚买手、商家等专业观众展示的一种演出形式(图 1-0-2)。从狭义上讲,服装表演是一种用真人模特向客户展示服饰的促销手段,通过服装的展示表演向消费者传达服装的最新信息,表现服装的流行趋势,体现服装设计师的完美构思和巧妙设计,是一种重要的营销手段。

服装模特则是服装表演的承载者(图 1-0-3)。模特需要通过形体语言展示服装的功能、款式、结构,显现设计师的创造力和想象

图 1-0-1　**服装表演场景** dianevonfurstenberg
(**黛安·冯芙丝汀宝** dvf)

---

① 张琼.服装表演专业人才培养需求调查与分析[J].中国市场,2013,(25):52—53.

力,把不同服装的着装感觉表现出来,引导消费者对时尚文化的认同和对某种品位服饰消费的欲望。

图 1-0-2   吴季刚 JASON WU
            发布会

图 1-0-3   模特台前造型

第一节   服装模特

服装模特是人们最常见的 T 台模特,也是人们普遍了解和认识的模特,号称赋予服装灵性的活动衣架。一般而言,服装模特的主要工作是参与服装表演。据《中国商业百科全书》:服装表演是时装作品通过舞台进行展示,是服装造型的舞台艺术表现。着装的演员通称模特儿(model)。由于要参与诸多的服装展演,因此对模特儿身材的要求比较苛刻。服装模特的身高、三围、比例要有一个相对统一的标准。

一、服装模特的界定

参考国家职业资格鉴定的定义,模特是指担任展示艺术、时尚产品、广告等媒体的人员;服装模特是指从事时装、服装服饰展演及品牌形象展示的模特群体。服装模特最初是为了促进服装的销售而存在。今天,作为一种可以灵活适应多数产品或服务要求的有效的媒介,人们逐渐意识到模特能为大众展示值得羡慕、关注的产品形象,能引起顾客的极大兴趣,为产品做更好的宣传。这一共识使得模特所涉及的职业领域在近年内得以飞速扩张。模特在体型、相貌、气质、文化基础、职业感觉、展示能力等方面应具有一定条件,并对服装设计、制作与面料、配件以及音乐、舞台灯光等具有一定的领悟能力。

二、服装模特的基本条件

服装模特的基本条件就是形体，即人的整体外形。基本条件对模特的职业生涯来说是最重要的一项因素。服装经过模特的动态展示被注入活力，服装的艺术魅力通过服装模特的形体动作表现出来。世界各国的服装设计师都按标准尺寸制作样衣，所以模特的形体必须符合标准尺寸。因此，模特的形体美也成为其在展示服装过程中能否被观众理解、接受的主要因素之一。模特的形体美主要体现在骨骼形态、头身比例、上下身差、肩宽、三围(胸围、腰围、臀围)等方面(图1-1-1)。

图 1-1-1　女模基本模卡

(一)身高要求

身高是模特基本条件中的首要条件，尤其是对服装模特来说，往往先看其身高条件，在此基础上再看其他条件。测量身高时，模特应目视前方，两脚平稳踩地，两臂自然下垂，不能塌腰，要保持腰背自然挺立状态(图1-1-2)。

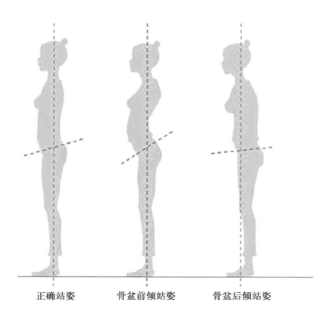

正确站姿　　　　骨盆前倾站姿　　　　骨盆后倾站姿

图 1-1-2　人体站姿

　　目前国际时装女性服装模特的身高标准是 178cm，身高上下浮动 2cm。因此，身高在 176—180cm 之间的女性模特都在标准之内。身材应修长、匀称，强调线条流畅，整个身体呈 S 形，给人的感觉应是轻盈而优美的。

　　男性服装模特的身高标准是 188cm，身高上下浮动 2cm。因此，身高在 186—190cm 之间的男性模特都在标准之内。身体强壮，但不能过分健壮，强调肌肉线条及力量感，整个身体呈 T 型，给人的感觉应是阳刚健美的，同时又要有些深沉，显示出一种积极向上的精神面貌(图 1-1-3)。

图 1-1-3　男模基本模卡

由于东西方地理差异和自然环境的不同,在人的肤色、骨骼和人体的外形上均存在着一定差异。西方人与东方人相比,普遍显得高大且丰满一些,所以,西方的女性模特身高一般为176—182cm,男性模特身高一般为186—192cm(图1-1-4)。

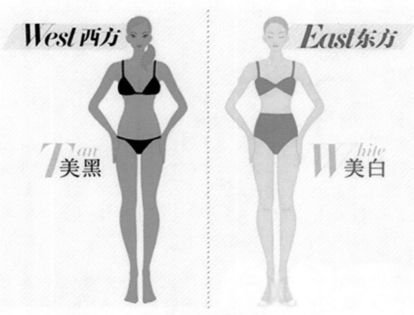

图 1-1-4　东西方模特对比照

(二)体重要求

服装模特的体重要求也有特殊之处,且与身高有一定比例关系,若过胖或者过瘦都会影响舞台上的整体美感。可用以下公式进行计算:体重(kg)=(身高-123)±5%。例如:身高为178cm的模特,体重则应为178-123=55(kg),再给予5%的浮动,则体重为52.25—57.75kg。

(三)三围尺寸要求

三围是指人的胸围、腰围、臀围。

胸围是在胸部最饱满处贴身水平量一周的长度,国际通用代号为B。测量时模特应直立,两臂自然下垂,在呼气或吸气时测量。

腰围是在腰部最细处贴身水平量一周的长度,国际通用代号为W。测量时模特应直立,两臂自然下垂于体侧,身体自然伸直,腹部保持正常姿势,屏住呼吸。

臀围是在臀部最饱满处贴身水平量一周的长度,国际通用代号为H。测量时模特应直立,两腿并拢,在臀大肌最突出部位量出臀围。

女模特最理想的尺寸是胸围90cm,腰围60cm,臀围90cm。但是由于人种不同,东方女模特的三围一般为:胸围83—90cm,腰围60—62cm,臀围88—90cm;男模特的胸围为 95—106cm,腰围为 76cm—83cm。西方模特的三围数值一般略大于东方模特。

由于三围尺寸不同,便形成了人体曲线。人体曲线是构成人体美的重要因素之一。人体曲线能使服装造型产生一种很强的起伏感和动感。如果缺乏这种曲线,则会使服装造型显得平板而失去魅力。所以,作为服装模特,三围就更加重要。

(四)身材比例要求

人体比例是决定人体美的直接因素。模特是人体美的具体体现者,因此,模特的身体比例要求较普通人要高。

1. 上下身比例

测定人体比例有两种方法。一种是比值法,测量时以肚脐为上下身分界点,从头顶到肚脐的高度为上身长,从肚脐到脚底的长度为下身长。模特的下身应长于上身,测得下身高度占身体总长度的 0.618(即黄金分割比例)为佳,或再略大于此数更好。另一种是差值法,测量时以臀部底线为分界点,从第七颈椎到臀部底线为上身长,从臀部底线至脚底为下身长,下身长与上身长之差 14—16cm 为优秀,11—13cm 为良好,8—10cm 为一般。

2. 头与身高比例

目前,国际时装舞台上以娇小的头型为流行,因为娇小的头型会使形体显得更加修长优美。但头型也不能过小,过小会使人的比例失调。一般模特的头长占身长的 1/7—1/8 为宜,达到 1/8 为佳。

(五)脸型与五官要求

女模特的脸型多为瓜子脸、椭圆脸或长方脸。这些脸型给人文雅、恬静和成熟女性娇媚的魅力感。模特的相貌并不单纯要求漂亮,相反,过于漂亮的面孔会将观众的注意力过多地集中在模特的脸上而影响服装的充分展示。所以,模特的基本形象应是五官端正协调,具体来说,应是眼睛明亮、鼻梁挺直、高颧骨、唇型丰润(图 1-1-5)。

男模特以方圆脸型为多,五官应端正、协调,面部轮廓清晰、棱角分明(图 1-1-6)。

图 1-1-5　女模特脸部近照

图 1-1-6　男模特脸部近照

现代服装表演越来越重视模特形象的独特性,所以挑选模特时脸型和五官以具有明显的个性特征和独具魅力为宜。[①]

（六）颈长与肩宽要求

颈与肩是模特在表演中裸露较多的部位。模特的颈部以长而挺拔且灵活为宜。

双肩是人体的第一道横线,也是模特称为"衣服架子"的关键性部位。肩型的好坏直接影响到服装造型的悬垂效果。模特的肩型以平而宽且对称为佳,女模特的肩宽应在 40cm 以上,男模特的肩宽应为 52—55cm。

（七）腿形要求

模特的腿形要粗细均匀,中线笔直,小腿富于力度;小腿与大腿比例接近相等或略长于大腿。大腿过粗、小腿肚较大,或腿部中线外弧、内弧都是不理想的。

（八）手的形态要求

服装模特手的形态也是不可忽视的,女模特的手指要纤细、修长、圆润而柔嫩;男模特的手指要粗细适中。

除了以上八个基本条件之外,还有三点附加条件。第一是气质要求。一个模特无论是在台上还是在镜头前的表演,从来都是以衬托服装、衬托产品为主的,模特在表演中处在附属的位置上,因此,模特的每一个眼神、表情、形体语言的设计都是为了让观众注意到模特所展示的产品。一个优秀的模特往往用其与众不同的气质使其表演的服装和产品孕育出超凡脱俗的生命。作为一名模特,仅有良好的身材和五官是远远不够的[②],只有具备了良好的气质,才能烘托出美妙的服装。所以,对于模特来说,提高自己的内在修养,注重自己的外表仪态十分重要,尤其是要注意造型艺术与气质、舞台表情与气质、言谈举止与气质的关联。第二是文化基础。一个有文化基础的模特,对不同的服装风格都会有各种独特的表演方式,这便于形成自己的个性,在职业上就更容易发展。其实,有很多文化知识跟模特表演有莫大的关系。例如,音乐知识、舞蹈知识、服装设计、摄影艺术、舞台灯光等,都是从事模特专业的人所要了解的知识点。第三是表演技巧。服装表演不是选美,在这里,模特只是一个载体,而不是中心,中心是所要展示的服装。因此,在表演中就要具有由远到近、由动到静的展示意识。模特的表演技巧除了学习好扎实的台步基础以外,还必须掌握包括镜前造型、音乐节奏、表情训练、角色意识等方面的表演技能技巧。

---

①　郭海燕.论时装模特综合艺术素质的培养[J].艺术百家,2007,23(z3):187—188.

②　周婕.刍议我国时装模特的素质培养问题[J].宿州教育学院学报,2009,12(4):161—162,169.

第二节 模特表演

中国模特服装表演的发展历尽坎坷，在漫长曲折的历史长河里，以其独有的魅力，在服饰文化史上谱写了令人难以忘怀的灿烂篇章。

一、模特表演的发展概况

（一）我国早期的模特表演

我国模特服装表演的源头可追溯到 20 世纪 30 年代的上海。那时的上海是霓虹闪烁、商业发达的大都会，又是中国的文化艺术中心，同时也是殖民文化色彩浓厚的"十里洋场"。当时，服装商们非常活跃，他们雇佣画家画时装画、设计新款式，并大做广告。这些为服装表演的发展提供了土壤，我国早期的服装表演应运而生。1928 年，"云裳"服装公司服装设计师、著名画家叶浅予先生组织了一次服装展览会，那是一家英国纺织印花布洋行为了推销他们的新产品而找叶先生发起组织的。为了此次展览，叶先生除了设计服装、编印样布外，还邀请了几位舞女当临时模特儿，在南京路惠罗百货公司办起了一个服装展览会。这次活动是我国服装表演的雏形。

"1930 年 10 月 9 日，由美国留学归来的美亚丝绸厂总经理蔡声白为庆祝企业创建 10 周年，在上海著名的大华饭店，以展示本厂的丝绸布料设计为宗旨，举行我国近代史上第一场真正的服装表演。当时很多著名的政商要人及社会名流前往，观众多达 2000 余人，上海《申报》为此做了连续三天的宣传报道。"[①]这一次服装表演在当时的都市生活中产生了很大影响，蔡声白的美亚丝绸厂当即广招美女，并吸收一些影星、交际花及政要夫人等参加，组成了模特表演队，表演队常结合产品销售进行演出活动。美亚丝绸厂甚至将时装表演拍成电影，为在东南亚推销其产品

图 1-2-1　早期服装模特儿拍摄的服饰

---

① 戴岗. 大众文化语境中的中国服装表演[D]. 苏州大学学位论文，2008.

广泛宣传。

此次服装表演以商业主义为中心,招聘"美女"以赢利为目的,奠定了我国早期模特服装表演的基本风格。此后,国内开始举办各种服装表演,中国人自己设计制作的服装也纷纷上演展示。中国的设计师、服装商和丝绸商在饭店、百货公司举办表演,邀请明星、女学生组织的模特队演出,可以说是热闹一时。20 世纪 30 年代左右,上海一些著名的游乐场等还出现了许多来自欧美的模特儿,她们带来了当时标准的欧美式服装表演(也包括男装)。这些高水平的模特表演促使中国模特服装表演更进了一步。

总的来看,我国早期的模特服装表演,是在半封建半殖民地条件下进行的。由于特定历史环境的限制,它的发展是不完善的。一方面,它带有浓重的殖民地气息;另一方面,由于不发达的社会经济文化,当时用真人模特的服装表演只面向人数不多的所谓"上流社会"及部分市民阶层。这一切决定了我国模特表演的发展必将经历一条曲折之路。

(二)20 世纪 80 年代我国的模特表演

1949 年新中国成立以后,服装表演的发展在中国大陆中断了。整个 20 世纪 50—70 年代,我国的时装几乎为空白,那时,社会意识压倒了个人需要,国家意志取代了商品目的。当时在特定结构形态中构筑起来的具有标准化结构形式的"流行的服装"并不重视赢利,所以服装表演这一以模特为载体、以商业为目的的艺术形式出现了断层。

改革开放后的 80 年代是一个令整个中国为之激动振奋的年代,是服装表演历史的转折点。

1979 年初春,法国著名的时装设计大师皮尔·卡丹(Piere Candin)带领 8 名法国模特和 4 名日本模特在中国上海举办了新中国成立 30 年以来的第一场服装表演。当模特们身着皮尔·卡丹时装,以婀娜妩媚的台步,展示着设计师的创作时,震惊了台下所有的中国文化界、服装界人士。以这次服装表演为契机,皮尔·卡丹的设计思想和流行款式在"文革"刚刚结束后,像一股清新的春风吹进了以灰蓝为基调、几乎没有性别之分的中国服装加工业,给中国社会和服装界以巨大的冲击,同时也给中国大陆服装表演的发展带来了一个新的契机。

"1980 年上海时装公司率先成立了中国现代第一支时装表演队,并由此诞生了第一批专业时装模特儿(当时称时装表演员)。"[①]这批模特的表演,通过新华社的电讯网络,发往国内上百家报纸电台,发往世界。新华社北京 1983 年 5 月 1 日电(记者李安定):"在绘有'飞天'图案的扇形背景前,14 名体态健美的男女演员以独具中国民族特色的风度,轮流穿换了 185 套精美服装,在音乐伴奏下进行了表演。这是'五一'节上午,

---

① 　吴卫刚.时装模特儿培训教程[M].中国纺织出版社,2000.

图 1-2-2　**80 年代的服装**

上海服装研究所时装表演队在全国农业展览馆影剧院的首场公演。800 多名首都观众兴致勃勃地欣赏了这场演出。上海时装表演队是目前我国唯一的服装表演团体,成立于 1980 年。他们在表演中,以中国民间舞蹈的步法为主,汲取国外服装表演的某些长处,创造出具有中国特色的庄重、大方、健康、优美的表演方法……"

这则新闻的报道,真正揭开了中国时装表演新的一页,被认为是中国服装表演获得新生的标志。

自那以后,北京、大连、天津、广州等地的纺织和服装企业或研究所也纷纷成立了模特队。

中国模特服装表演取得突破性进展的另一个标志是:"1989 年 12 月,在广州举行了首届模特大赛——世界超级模特儿大赛中国选拔赛暨中国首届最佳时装模特儿表演艺术大赛。"[1]至此,我国的服装表演在 80 年代这一开放而又适宜其发展的社会文化环境中,开始进入多元化的探索期与多方位的尝试期。与此同时,服装表演开始从中国的服饰文化土壤中培育出具有本土化意义的服装表演样式,例如模特旗袍表演时的步伐,借鉴了中国古典舞中的摇步,膝盖的轻颤、腰肢的摇摆,以及扇子、手绢等道具的运用,把旗袍的韵味展现得淋漓尽致,为我国模特服装表演的发展提供了最初的范本。

（三）90 年代我国的模特表演

进入 90 年代,随着市场经济体制的逐步建立和完善,中国的经济驶入快车道。经济的高速发展对社会各个方面造成了强烈的冲击。90 年代还是一个价值取向渐趋多元的年代,改革开放不仅使人们的生活水平有了很大提高,而且思想表达也拥有了较大的自由度。在这种大众文化的语境中,中国服装业呈现出前所未有的丰富和繁荣,中国模特服装表演步入了成熟期。

1996 年由劳动部颁发的《服装模特儿职业技能标准(试行)》,是我国服装表演行业建设向正规化、职业化迈进的关键一步。该标准对服装模特儿的职业定义、适用范围、等级标准、培训、实习期等都做了具体而明确的规定。

---

[1]　吴卫刚.时装模特儿培训教程[M].中国纺织出版社,2000.

　　90 年代前后我国大陆陆续出现了模特培训学校及高校开设的服装表演专业。1989 年,苏州丝绸工学院工艺美术系(现苏州大学艺术学院)在全国高校中首次开设了三年制服装表演专业,1999 年起改为四年制本科。1990 年华东纺织工学院(现东华大学)也设立了学制四年的"服装设计与表演"专业本科。随后,北京服装学院、山东潍坊轻工学院、大连轻工学院、郑州纺织工学院、武汉纺织工学院、上海纺织高等专科学校、南京艺术学院、南通大学、南京师范大学等大专院校相继开办了服装表演专业,为中国培养了大批高素质的专业模特。与此同时,全国许多职业学校也开设了此专业。1990 年 3 月,西安成立了卡丹模特儿艺术学院;1992 年 4 月,大连时装模特儿学校成立……它们的出现也为我国服装表演业输送了大量专业人才。

　　1992 年 12 月 8 日,中国服装设计研究中心组建了中国第一家时装模特代理机构——新丝路模特儿经纪公司。该经纪公司管理机制的形成,是中国服装表演成熟期的一个标志。该公司时装表演的制作人制、经纪人制、签约制、版权制的配套实施,其实是一条精心制作—推向市场—收回投入—进行再生产,实现企划、包装、制作、宣传一条龙的流水线,走出了一条从艺术出发,以服装表演带动服装销售,再用销售的利润制造、包装名模的商业路子,进一步使我国的服装表演业与国际接轨。此后,全国各地的模特经纪公司也纷纷成立,各个经纪公司的管理机制也并不一样,但较为大型或正规的模特经纪公司还是基本沿用了新丝路模特经纪公司的管理制度与经营模式。自 1999 年开始,新丝路每年都要举办国内最高水平的全国超级模特大赛或合作举办世界模特大赛,每届推出的优秀选手都成为中国模特界的栋梁之材。

　　(四)我国 21 世纪的模特表演

　　现阶段我国已经建立了自己的服装教育体系,成立了各类有关行业协会,随着服装业的发展和时尚产业的兴起,我国与服装表演相关的行业也迅速发展起来。目前,我国的服装设计师协会就设有时装艺术委员会、时装模特委员会、时装评论委员会、学术工作委员会和品牌工作委员会 5 个专业委员会。其中职业时装模特委员会已从 1999 年筹备时的 29 家模特经纪公司发展到 75 家模特经纪公司的规模,我国的服装模特业正逐步走向世界。

　　新世纪的服装表演行业,随着经济的快速发展出现了多元化的格局,既有传统的、服务于服装纺织业的模特群体,也有热衷于消费品广告和媒体的"封面美女",更有影、视、歌的多栖模特艺人。

　　我国的服装模特、服装表演已经进入了大众的生活,并且深刻影响着大众的审美文化。我国的服装表演已初步掌握了服饰流行游戏规则,正尽力缩短与国际同行的差距,服装模特的培养也逐渐步入有序的轨道。

二、模特表演意识研究

之所以把服装模特表演称为"Fashion Show"而非"Fashion Performance",主要是服装模特的表演与其他表演艺术行为在功能、作用及其表现的最终结果上存在区别。

在评论 T 型台上服装模特的优劣时,服装模特本身的形体条件与表演技巧结合在一起所体现出的艺术感觉,一般会认为是观众的感觉。其实不然,这个感觉主要是服装模特本人的自我感觉。因为服装表演是一门综合性的表演艺术,服装设计师的创作意图只有由服装模特来展示时,才能充分体现出来。因而,服装模特具有良好的自我感觉,才能体现出设计师的创作意图,引起良好的观众感觉。这种良好的自我感觉即是一种心理感觉[①],是我们所要探讨的存在于表演意识中的主要内容。

传统心理学认为,感觉是大脑对直接作用于感觉器官的客观事物的个别属性的认识和反映。感觉是一种简单的心理现象,它主要包括外部感觉和内部感觉两种。外部感觉是对外部事物和刺激的感觉,其中包括视觉、听觉、嗅觉、味觉和皮肤感觉等;内部感觉是人对自己身体的运动及状态的感觉,其中包括动觉、平衡觉等。

事实上,这个概念只涉及我们对于客观世界和外部信息的感觉。而人除了能够对客观世界产生感觉之外,还能够对自己的主观世界产生感觉,如我们常说的"感觉情绪很好"、"自我感觉良好"等就是这个意思。如果我们把对客观世界的感觉称为意识的话,那么我们对于自己的主观世界的感觉就是属于自我意识的范畴。服装模特的表演意识就是这个自我意识的范畴。它主要是指模特对 T 型台环境及个人身心运动及状态的反映和体验,包括服装模特的舞台意识、身体意识和自我意识等。

(1)舞台意识:舞台意识属于外部感觉,它是服装模特对于舞台环境、同台演出的模特以及观众的感觉,其中主要包括服装模特的视觉、听觉和触觉等。

(2)身体意识:身体意识属于内部感觉,它是服装模特对于自己身体运动、状态、方向和位置的感觉,其中主要包括动觉、平衡感等,动觉是其主要内容,并占有重要地位和较大比重。

(3)自我意识:这种感觉传统心理学没有涉及,但它正是服装表演意识的核心灵魂。这个"自我"指的是服装模特心理和精神上的自我形象、自我意象和自我观念,因此自我感觉就其性质来说,不同于上面讲的内部感觉和外部感觉,它是服装模特对自己的内心活动、心理过程和个性特征的感觉,其本质乃是一种自我感觉和自我意识。

由此可见,服装表演意识就是服装模特对 T 型台环境及自己的身心运动的综合感觉,它不仅包括了心理学所讲的外部感觉和身体感觉,而且它主要是指服装模特自己的

①　戴岗.时装模特表演意识初探[J].苏州大学学报(工科版),2002,22(3):95—96.

主观意识和自我意识。服装模特对外部信息的感觉与把握都是属于技术问题,而服装模特的艺术想象、艺术情感和自我意识的产生与形成还与服装模特自身的其他心理素质如气质、性格、信念、自信心和文化素质等因素有关,并深受其影响。

在最初的服装表演训练中,模特可以通过视觉看到镜中的自我形象(图 1-2-3),镜子的作用主要是通过自我矫正、自我反馈和自我调整来帮助模特建立良好的自我意象和表演意识,模特最初的表演意识需要借助于这面镜子的视觉作用。

当模特经过一阶段训练后走上 T 型台时,镜子消失了,模特如何产生表演意识呢?一方面,我们可以认为,观众就是模特心中的"镜子",模特的自我表演意识可以通过这面"镜子"的作用产生。社会心理学家库利曾经提出过一个"镜像自我"的理论,认为一个人的自我观念是他人判断的反映和结果。后来,著名社会心理学家米德发展了这一理论,并进一步提出社会群体是每个人观察自己的一面镜子,自我观念是在群体中并通过群体的反映形成的。然而,长期以来,这个镜像自我的作用和意义并没有完全彻底地被我们认识到。另一方面,由于镜像自我的本质是人的一种想象,因此,镜像自我和自我意象可以通过镜子和他人的反映形成,也可以不受其左右。服装表演意识也是这样,它可以受镜子和观众的影响,也可以不受其控制,模特可以不看观众,这是因为服装表演意识是模特对镜像自我和自我意象的感觉,这正是表演意识的最高形式与本质(图 1-2-3)。

图 1-2-3　模特镜前自我练习

图 1-2-4 貂皮大衣展示图

由此可见，镜像自我和自我意象才是产生服装表演意识的真正关键，一个服装模特，只有使自己的身心全部融入服饰，充分想象和体验音乐及服饰的结合，并形成良好的艺术情感、艺术想象和自我意象，才能产生良好的表演意识（图 1-2-4）。在 2001 年北京国际服装节张天爱的一场演出中，舞台的布置营造出 20 世纪 30 年代上海滩的场景，模特身着貂皮大衣，夸张的帽子，长长的香烟在暗暗的灯光下闪烁，那份慵懒和倦怠并不是每个模特都能通过形体动作表现出来的。有这种表演意识的模特，像瞿颖，分寸拿捏得恰到好处，那转身时不经意的一瞥，造型时松懈的胯部，走动时夸张的后倾体态，无一不是作为一名优秀模特强烈的表演意识的流露。那么，模特是怎样获得这种表演意识的呢？

服装表演教学并非只是一种形体训练，它主要是一种心理训练、感觉训练、思维训练、想象训练和自我意象训练等。表演的形体训练只是一个技术和技巧问题，而心理训练或素质训练才是真正的艺术问题。服装表演训练就是运用一些特殊的方法来提高模特的心理素质，培养他们良好的个性心理品质，从而在表演和比赛中保持最佳的心理状态，获得最高的心理能量储备，奠定良好的心理基础，最终实现个人潜能的正常发挥和超常发挥。因此，心理训练是提高服装模特心理素质和精神素质的重要途径。

有一位心理学家曾做过这样一个试验，把一些未受过专业训练的篮球运动员随机分为三个小组，A 组连续训练 20 天，每天实际练习 20 分钟；B 组不进行训练；C 组每天坐在球场观摩 A 组的训练，并根据老师对投篮动作的讲解来想象投篮动作和过程。结果发现，20 天后，A 组投篮的命中率比训练前平均提高了 24％，B 组因没有训练而无新的投篮考核成绩，C 组没有进行实际练习而是仅仅通过观摩和想象，命中率也提高了 23％，几乎同实际训练的情况差不多。由此可见，观摩和想象这种心理训练方法是提高练习效果的重要方法。苏州大学艺术学院服装表演专业的模特,进校前大多数是高中生(图 1-2-5),在进行服装表演初级阶段的训练时都要观摩大量的资料,并运用念动训练,即通过对动作现象的回忆和想象来复习与提高动作技能的训练方法,到了一定程度,就要训练模特的表演意识了。在 T 型台上穿着的服饰风格各异,如何能掌握好服饰情感与音乐情感的关系,并运用形体最大限度地展示出来,是一种创造性活动。每个模特虽不同程度地具有创造潜力,但潜力不等于能力,通过心理训练不仅可以促进模特的技能和技术的巩固与提高,而且还能有效地集中模特的注意力,在大赛中增强必胜的信念与信心、振奋精神和斗志、消除不利的心理障碍等。同时,还有一些有针对性的更为重要的心理训练,如意志训练和人格训练等。在首届中央电视台"CCTV 脑白金杯"服装设计与服装模特大赛中,苏州大学艺术学院的三位参赛选手回忆比赛过程时曾经讲到,在三亚与北京做赛前培训时,她们身着泳装在三四度的气温下还得做出巧笑嫣然、尽情嬉水的模样,平时的心理感觉训练起了很大作用,而且在大赛的每一轮预赛中,成绩好、比分高固然好,但在比分落后的情况下,仍需要一鼓作气,一路猛追,拼的就是意志,而许多选手就是在这种情况下一蹶不振的。由此可以看出,重视对模特进行心理训练是很有好处的。

图 1-2-5

美国著名心理学家特尔曼对智力超常的儿童追踪研究几十年,他在 800 名应试者中,将 20％成就最大的与 20％成就最小的进行对比研究,发现两组人最明显的差别在于他们的个性意志品质不同。成就最大的这一组,在个性心理品质如谨慎、有进取心、

图 1-2-6

自信、不屈不挠以及最后完成任务的坚持性等方面,明显地高于成就最小的那一组。

由此可见,一些非智力因素即个性心理品质才是导致人生成功或失败的更加重要的心理因素。对于服装表演来说,情况也是这样。服装模特的成功不完全取决于她(他)的智力因素,也不完全取决于她(他)的体形和容貌,在此基础上还取决于她(他)的一些非智力因素,其中主要包括意志品质、个性品质及其对艺术的执着追求和自信心等。而这些心理素质的培养和形成又并非全靠模特自己的艺术生活,一个好的模特,只有多接触社会,多了解生活、人情,多开阔视野,多丰富自己的情感体验,多提高自己的素质,才能深刻理解服饰、理解音乐,形成好的服装表演意识(图 1-2-6)。

三、模特表演的作用及种类

模特表演,又称时装秀,是由服装模特在特定场所通过走台表演,展示服装的活动。模特穿上特制的服装,以特殊的步伐和节奏来回走动并做各种动作和造型。这种表演,把服装、音乐、灯光、特效、表演融为一体,达到高度完美的艺术统一。

(一)模特表演的作用

模特表演的作用如下:

1. 促销服装产品的重要手段

任何一种产品展示活动,其促销目的一直是维系其生存发展的重要原因。

模特着装表演作为一种商业媒介,把产品信息从生产者传递给消费者,其演出目的就是宣传服装品牌,推销服装新款,打开销售市场。无论多么美丽的服饰,如果只处于静止状态展示,它的魅力是极其有限的(图 1-2-7)[1];但当服饰与人体完美结合时,人们会发现,原本毫无生命的服饰就会变得生机盎然,审美感受由此而生动、新鲜(图 1-2-8)。一场服装表演借助人体赋予服装新的生命,将服饰变得不再是简单的物品,

---

[1] 张琼.服装表演专业人才培养需求调查与分析[J].中国市场,2013,(25):52-53.

最终达到模特服装表演的目的：

（1）提高产品知名度和消费者忠诚度。

（2）通过品牌传播，刺激消费积极性。

（3）营造商场环境，活跃购物氛围。

图 1-2-7　人台模特图片　　　　　　　图 1-2-8　郑天琪中期展模特着装照

2. 传达服装信息与引导服饰潮流的重要途径

在服装潮流变换非常迅速的现代社会，及时获取未来流行信息对设计师和服装行业来说非常重要。服装流行信息研究机构通过举办应季的服装表演展示，用发布流行趋势的方式来传达面料、图案、色彩、款式等信息，指导纺织、服装产品的生产和消费；同时，通过定期举行的模特服装表演，促进设计师之间的交流，从一定程度上提高设计师对流行趋势的掌握和引导风尚的水平。

3. 树立品牌和设计师形象的重要平台

服装企业推出的当季服装产品展示表演和设计师的个人主题性专场发布会，通过服装表演树立企业和设计师形象，以期得到社会的认可。

（1）传达与提升品牌形象与价值。服装表演是具有重要商业价值的衣着广告。特别是某品牌产品为扩大知名度在各地举办的巡回表演或在某一最具有销售力的商场举行的特别演出等,往往通过模特表演与消费者频繁沟通,以期使品牌理念获得广泛认同。商家在传达品牌形象的同时,也提升了品牌形象,这种表演的使命就是沟通设计师与消费者的心灵,最终取得丰厚的商业回报。

（2）发现与造就设计师与模特新人。服装表演有很多不同的形式,其中竞赛类服装表演是造就名师和名模的最佳平台。竞赛类表演包括各种类型、各种等级的国内外服装模特大赛及服装设计大赛。这些大赛是发掘服装设计师和模特新秀的有效方式。

（二）模特表演的典型

根据不同目的,服装表演在表现形式、风格和规模上也有所不同。一般而言,模特服装表演分为以下几种类型:

1. 订货会服装模特表演（图 1-2-9）

图 1-2-9　betu 秋冬订货会

这类表演的目的是让观众通过观看模特演出实现订单,观众的组成基本上都是经销商或百货公司的专业人员。演出的服装也基本上是可以成批量供货的服装,属于新开发的实用服装,大多数模特表演的服装可以在市场上出售。这类演出的重点是能够让观众尽可能地看清楚模特所展示产品的基本材料、款型、色彩。这类演出在制作中,并不一定要花费很多经费来制造演出效果的"视觉冲击力",也不一定要制造强烈的舞台效果。

　　在订货会上,服装表演模特所展示的服装是企业最新和即将推出的款型,因此替客户保守新产品的秘密是参与服装表演的每一位演职人员最基本的职业道德。为了对新产品款型保密,订货会服装表演通常不邀请媒体参加,不邀请与订货会无关的非专业人士参与,不允许拍照。

　　订货会服装模特表演的举办地一般是在服装公司内或公司订货会指定的场地。一般每年分秋冬和春夏举办两次。

　　2. 发布会服装模特表演

　　这类演出的目的在于通过模特对新款服装的展示向人们传递服装的某些信息,如职业女装的新特征、设计师的最新设计风格、毕业生潜在的设计才能、下一季流行色以及新创品牌的风格特点等。

　　发布会服装表演的展示类型大致可分为三种:第一种是年度流行趋势发布会(图 1-2-10)。这类发布会是指每个流行周期收集由服装研究部门和社会、工厂服装设计师推出的近期作品,以服装表演的形式公之于众。在年度流行趋势发布会上,各大知名

图 1-2-10　薇薇安专场表演

图 1-2-11　北京大学生国际时装周
苏州大学艺术学院专场

一线品牌会做自己品牌的专场发布。之后，各大时尚杂志会根据各大品牌新品的一些共同之处找出整体的流行趋势和流行色。在这种流行趋势的引导下，其他成衣制造商也可以从中选择认为能引起流行的款式或从中得到某些启发进行再设计，然后制作加工成服装成品，作为新流行款式投放市场，形成新的流行。这种发布会每年进行两次，一次是春夏服装发布，另一次是秋冬服装发布。商业目的并不是这类服装表演的直接目的，退而成为隐性目标。因为，服装发布所强调的是对某一阶段、某一局部服装信息的引导，这些对服装的制造商与销售商无疑是有商业选择意义的。对发布会的组织者来说，发布会的新闻性尤为

重要，他们必须邀请能够在行业内起到影响作用的媒体，通过多方位的报道，扩大发布会的社会影响力。

　　第二种展示类型是国际时装周（图 1-2-11）。在众多国际时装周中，巴黎、伦敦、米兰、纽约、东京举办的时装周具有较高的知名度，其中，每季巴黎时装发布对世界时装流行具有指导意义。目前，我国比较有影响力的时装周，包括北京中国国际时装周和上海国际时装周等。

　　第三种展示类型是服装品牌及设计师个人作品发布会。这类发布会是指世界各大服装品牌的专场发布会，品牌发布会名称主要以品牌名称命名，也有的

图 1-2-12　香奈儿秋冬专场发布会

以设计师个人名字命名。品牌发布会有着明显的商业特征。设计师个人举行的服装发布会、流行信息发布会,是专门对新的设计观念、新的表演手法、新的面料、新的辅料、新的穿着时尚的展现(图1-2-12)。这些表演大多由世界一流模特演绎,其表演形式较为简单,主要靠作品本身的精美赢得观众的喜爱。为确保其服装"唯此一套"的高贵特点,每套作品的创意均不同,强调每套服装的独创性。这种表演形式被称为高级时装发表会,即作品发表会,而不仅仅简单地称为服装表演。

综上所述,发布类服装模特表演的作用主要是服装品牌和设计师利用发布会的宣传效应,征服消费者,提升知名度、展示设计风格特点,以此得到专业认可。在我国,中国服装研究设计中心、中国流行色协会等一些服装流行情报研究机构,时常会通过服装模特表演的形式介绍他们对最新服装款式的看法,综合国内外市场流行情况,定期向消费者传递下季服装流行预测,以达到促进和指导纺织、服装产品生产与消费的目的。

3. 促销类服装模特表演

促销类服装模特表演是指以宣传服装商品为目的的商业性服装模特表演。准确地说,服装表演最初就是起源于商品推销,其目的是为了获得更多消费者的认可,促进新产品的畅销。

这种类型的服装模特表演主要是为了宣传品牌,推销产品。对设计师和服装品牌来说,模特表演的成功与观众的积极反馈可能是日后创造高额销售业绩的开始。商业促销类服装模特表演的永恒价值在于提升品牌形象,其不变的使命就是沟通设计师与消费者的心灵,最终取得丰厚的商业回报。

4. 艺术创意型服装表演

这类表演是对设计师艺术功底和艺术才华的展示。像画家和音乐家的作品一样,服装设计师是利用服装作品以及服装模特表演来表达自己的情感的,因此演出的服装可以不考虑服装的穿着功能、实用性以及市场营销的因素,作品在材料、造型以及色彩方面可以无限制地、自由地夸张。

观众的基本构成为社会各界有感于

图1-2-13 创意型服装表演

艺术创作的人士、时尚及艺术媒体、艺术评论家以及服装设计或其他与工业设计相关的人员。服装的经销商或经营者并不一定是这类演出的重点邀请对象,因为他们会以市场的观点来评论服装作品,因此过多地邀请营销人员可能会引起相反的效果。这一类型演出的场地通常选择在比较具有艺术气氛或创意性的场馆(图 1-2-13)。

图 1-2-14　模特比赛场景

5. 赛事类服装模特表演

竞赛类服装模特表演的主要目的是竞赛,模特表演则成为实现该目的的形式(图 1-2-14)。在这类表演中,众多参赛模特之间要决一雌雄。比赛作品的动态穿着效果,模特对服装的理解能力与表现能力,这些现场因素都不容忽视。此类表演往往较其他表演更扣人心弦。这些都是竞赛类服装模特表演的特殊之处。当然,这类模特表演也不排斥商业因素的加入,比赛的赞助商既可以使主办方获得足够的策划演出经费,又可借比赛的社会影响力扩大自身产品的知名度。一场成功的竞赛类服装模特表演常常会使主办方与赞助商都名利双收。这类以比赛为目的而举办的服装模特表演,可分为服装设计大赛和服装模特大赛两种类型。服装设计大赛与服装模特大赛的侧重点不同,前者侧重于物,后者侧重于人。

6. 学术类服装表演

学术类服装表演是指国家、地区、协会之间为了学术交流所举办的演出,或是带有一定学术性质的服装机构或设计师举办的作品发布会及其作品回顾,一些服装设计专业、服装表演专业的教学、科研成果展等。

此类服装表演由于没有了商业诉求,重点放在强调作品的艺术效果上,服装表演的舞台设计、灯光、音乐、背景及模特妆容可别出心裁、大胆超前,创造出人意料的艺术氛围,给人一种艺术的享受(图 1-2-15)。

图 1-2-15　中泰文化交流图片

除此之外,设有服装设计专业、服装表演专业的院校,在每年学生毕业前都要举行毕业作品展示或汇报演出。其特点是设计者都为学生,他们的作品构思大胆、超前、不受拘束。演出目的是展示学生才华,同时让社会、各个高校了解学校的教学成果并进行交流(图 1-2-16)。

图 1-2-16　江南时装周苏州大学艺术学院专场

第二章 服装模特表演的形体训练与塑造

第一节 服装模特的形体塑造艺术

服装模特是服装灵魂的表现者,一名模特表演的好坏,对揭示服装的个性内涵是非常重要的。[①] 因此,拥有一个好的形体,使自己的身体语言更富有表现力,展示服装时更富有感染力,是每个职业模特持之以恒、不懈追求的目标。尤其是在以表现形体美成为主要趋向的现代,服装模特意味着服饰美与人体美的和谐统一。因此,以服装模特的形体语言构成,以及模特形体的塑造为研究对象,探讨和总结服装模特在形体塑造中应该注意的问题,可以为职业模特提供一些有价值的参考和借鉴。

一、模特形体标准的变迁

在西方文化中,模特"Model"就有模型的意思,它起源于商品的推销活动,近代才逐渐演变为"活动的衣架"。究其根本,模特就是形象。于是,模特的形体条件成为一个优秀的职业模特最重要的因素,拥有好的形体,是模特们走上成功表演之路的基础和必要条件。

(一)什么是模特形体

"形体"指的是人体或人体形态体质。模特形体,顾名思义就是作为模特所具有的身体的各个部分的形状或者形态。在第一章中我们提到过,它是人体的比例、脸型、腿型、皮肤、三围、相貌等主要方面的体现,有的可能还会注重模特的手形、颈项等,没有定论,要看模特所要表现的事物侧重的是什么。一般而言,服装模特最注重的还是身体的比例,再就是腿型、三围等。那么,模特形体要求有没有一定的标准呢? 我们逐步来寻找答案。

---

① 戴岗.浅析模特的形体塑造[J].大众文艺,2013,(17):265—267.

（二）模特形体标准（图 2-1-1）

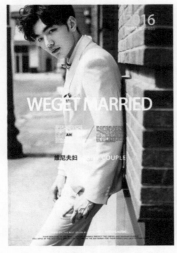

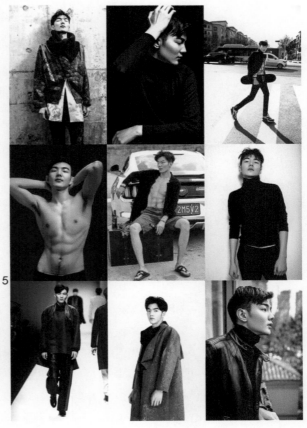

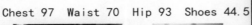

图 2-1-1

事实上，模特行业诞生之初并没有形体条件的要求，是在行业逐步发展和完善的过程中逐渐形成了一些经验和规律，才演化出具体的形体标准。

起先的真人模特没有严格的形体标准，只要是年轻貌美、身体匀称、充满活力，都有可能成为商人们青睐的模特。随着服装模特行业的不断成熟，逐渐有一些规则在行业内流传，归纳一下服装模特形体的标准大体如下：

（1）比例：头与全身的比例。头为全身的八分之一，这是我们普通人身体和头部的正常比例，模特的比例应是头比正常比例再小一点为佳。第二个是上身长度与下身长度的比例。下身长于上身者为佳，腿越长条件越好。上下身的分界线以骶骨为界，上身从头顶至骶骨，下身从骶骨至脚底。

（2）腿型：腿型对于服装模特非常重要，要粗细均匀，中线笔直，小腿富于力度。大腿过粗，小腿肚大，或腿部中线外弧、内弧都不好。

（3）三围尺寸：三围尺寸指的是胸围、腰围、臀围。最理想的尺寸是胸围 90cm,腰围 60cm,臀围 90cm,但即使在欧洲,也不是都能达到这个标准。针对我国人种特点,三围尺寸的标准一般为胸围 84cm,腰围 61cm,臀围 90cm。

（4）脸型：模特的脸型要小,以目字脸、甲字脸、申字脸为佳。

（5）皮肤：模特的皮肤及颜色直接关系到其职业命运。皮肤好,适应范围更大一些。影响美感的青春痘或皮肤粗糙都会影响其职业生涯。即使皮肤较好者也应特别注意保护。

（6）相貌：服装模特的相貌标准不单纯是看漂亮不漂亮,主要是看面部结构有没有立体感或有没有个性特点。

当然,模特的形体标准因为时代或者时装流行趋势也会有一些变迁。这就导致模特们在各个时期出现不同的气质特点,以 20 世纪下半叶为例,50 年代的端庄、温婉、典雅而华贵,到 60 年代却成了短发大眼、又瘦又扁的小女孩形象;70 年代,性感、古怪、诡异、端庄,各种风格共存;80 年代,性感美丽和个性十足大行其道;到 90 年代,随着越来越国际化,模特们的风格也更加多元,各种肤色,古典或现代,瘦削或高大,甚至病态或阳光都能被接受和欣赏。所以说,模特的形体标准,严格意义来讲是没有标准。

（三）当代模特表演的形体要求

如今,随着文化的不断交流,中国模特国际化的程度越来越高,审美也趋于多元化,模特行业在形体要求上也出现了一些变化。我们逐渐习惯了西方模特的高鼻梁、高眉骨、深眼窝,以及他们粗犷的形体,西方人也越来越发现东方模特的魅力,中国模特们的形体标准也趋于国际化、多元化。比如超模吕燕,一个曾经被嘲笑得极度自卑,甚至因为自卑不喜欢抬头而有些驼背的丑小鸭,谁都没有想到她会成为国际超模。她的面貌在中国的传统审美观念里不被看好。但是她腿够长,身体的比例也好,驼着的背因为自信和正确的训练,立了起来,最重要的就是她的五官有特点,识别度高,而且比较符合西方人的审美趣味,加上她自己的努力打拼,为自己寻求每一个机会,成就了一个传奇一样的吕燕。

二、模特表演形体的重要性

（一）时装的表现

表现力,指的是在完成某项具体的工作过程中,对自身潜在能力特点的凸显和流露。我们可以理解为 A 借助 B 表现出 A 的某些特质,A 为主体,B 为客体。服装模特行业有些特殊,在时装与模特这对 A 与 B 的关系中,主客双方确实需要相配合。尤其是服装,就是将自己的命运交给了模特。就好比服装是待嫁的少女,模特是介绍人,要通过他们把自己推销出去。介绍人靠的是嘴,而模特靠的是形体、形体语言(图 2-1-2)。

模特的形体在向观者讲述这件服装时,是无声的流动,如何给观者留下深刻的印象,不是那么简单就能做到的。需要好的形体条件去展示和表现出设计师的创作意图、服装的特点,包括面料、做工等细微精到之处。实际上,模特形体对于所要表现的商品具有非常重要的作用,尤其是服装模特,通过他们的形体形象的表现,直接决定了服装的穿着效果。

(二) 设计的表达

服装设计师们在设计服装的时候是有其自身的创作理念和想法的,每一次创作

图 2-1-2

图 2-1-3

都是想象力和创造力的凸显。他们希望自己的这些新鲜独特的元素能够被大家解读出来，找到认同，甚至欣赏和崇拜。正是模特们肩负起这一重任的。这不是一件简单容易的事，模特们首先自己要非常了解设计师的想法和理念，然后深入理解，才有可能帮助设计师去实现他们的梦想。所以说，服装设计出来之后还不是该衣服的诞生，当它在模特们身上展示的那一刻，它才真正诞生(图 2-1-3)。这也是为什么那么多设计师在寻找模特表演的时候非常谨慎的原因，因为这也是他设计中不可或缺的一部分。

模特要通过自己的形体表现服装，在动静之中将设计师的设计理念、服装所要传达的思想或者观念，准确恰当地表现出来，他们是设计师们无声胜有声的代言人。

（三）美感的传递

美感是指人接触到美的事物所引起的一种感动，是一种赏心悦目、怡情悦性的心理状态，是人对美的认识、评价与欣赏，是人们审美需要得到满足时产生的主观体验。没有人会拒绝或者讨厌美好的事物，如果能够用美的形式去做成一件事，那就是最好的方式。在服装表演中更是如此，给人以美感是非常重要的一项。不仅是服装美，模特的形体也要美。

美好的形体，不仅能够传递设计师的创作理念，同时还能带给观者美的享受，是一种美的传递，更能增加服装的魅力。

三、模特表演形体的塑造

（一）符合自身的形体训练

模特想要拥有好的形体，艰苦的训练是必不可少的。笔者认为模特应该制定一个针对自身的形体训练计划，扬长避短，将自己的身体语言锻造到炉火纯青的地步，这是成为一名优秀模特的最重要的条件和基础。

谁都不是天生的超级名模，一万个模特，必然有一万种缺陷，没有绝对完美一说。而这些模特们的种种不足，在舞台上却不为人知，因为他们针对自己的不足进行了专门的训练。经过坚持不懈的训练，缺点被克服，甚至最终会变成一种特点，成为超级模特的独特制胜法宝。靓丽的女孩成为超级名模，靠的不仅仅是先天的美丽，更重要的是让平凡变得生动。这些模特们付出了艰辛的努力，才得以呈现出舞台上光彩夺目的星光。下面我们就来介绍几种通常的训练项目。

1. 双腿训练法

有的模特腿可能不够直，站立的时候，双腿膝盖是无法并拢的，这样姿势会很难看。可以在每晚睡觉前双腿并拢，在膝盖处覆盖毛巾，然后用纱带(有时也用腰带)紧紧捆绑，让膝盖无法弯曲。坚持半年就有令人惊喜的效果。就像著名舞蹈家黄豆豆，他原来的身材比例居然不符合跳舞标准,腿还短了一点点,酷爱舞蹈的他不甘心放弃心中的舞蹈梦,坚持每天拉腿,白天黑夜近乎残酷的拉伸运动,居然让他的腿拉长了3厘米,刚好够舞蹈的身体比例标准,最终他顺利地考上舞蹈学院。可见,人的形体甚至结构,确实是可以通过后天改造的。

2. 身体曲线修炼

模特不是越瘦越好,虽然国内外不乏骨感模特,其实优美一些的身材曲线,更有线条,有健康感。优美的身材曲线,是靠正确的饮食和锻炼而不是盲目的减肥。每周可进行2—3次的跑步机和游泳运动,每次持续约2小时,临睡前还可再做数次仰卧起坐。大概需要6个月的时间,小腹就会变得健康漂亮。在锻炼中,体重要按计划调整。欧美女模特的平均身高约1.9米,衣服撑得起来。亚洲人骨架小,如果再瘦弱,舞台上就不能很好地表现服装。只有看上去健康、有活力才能够弥补亚洲模特在身材方面的不足。

3. 常规形体训练法

胸部训练:

训练让胸部变挺拔的原理:使胸部肌群适度生长,增加胸部的张力,活跃乳房组织机能;同时肩部、手臂、背部肌力增强,可以加强对胸部的承托力,使得胸廓自然舒展。综上,让胸部更加丰满。

(1) 杠铃卧推(平板或斜板)。

动作要领:背部贴紧卧推板,肩胛骨内收,双手比左右肩部略宽20cm,杠铃匀速起落,控制呼吸,发力时吸气,收力时呼气。

重量选择:15RM[①] 以上,不要做到力竭,肌肉稍有酸胀感即可。

效果:胸部增厚,胸廓舒展,体积增加(图2-1-4)。

(2) 哑铃推举。

动作要领:身体姿势与杠铃卧推时一致,可以躺于地面或卧推板,双手环握哑铃,腕部竖直,均匀,发力时吸气,收力时呼气。

重量选择:15RM。

效果:胸部获得向上承托力,更加紧致(图2-1-5)。

---

① RM,最大重复次数所使用的重量。

图 2-1-4　杠铃卧推

图 2-1-5　哑铃推举

（3）蝴蝶夹胸。

动作要领：臀、背部紧靠坐垫，腰腹收紧，肘部带动手臂发力，由外向内收紧，胸部自然挺起，控制呼吸。

重量选择：15RM 以上，不要做到力竭。

效果：胸部内侧获得生长（图 2-1-6）。

图 2-1-6　蝴蝶夹胸

（4）坐姿推胸。

动作要领：臀、背部紧靠坐垫，腰腹收紧，肩胛骨内合，胸部自然挺起，匀速发力外推，发力时吸气，收力时呼气。

重量选择：15RM 以上，不要做到力竭。

效果：活跃乳房组织，全面生长(图 2-1-7)。

图 2-1-7　坐姿推胸

（5）俯卧撑。

动作要领：双手分开比肩稍宽，下放屈肘至 90 度，抬起时手臂略屈。保持背部挺直，腰部收紧，下放时呼气，上撑时吸气。直腿俯卧撑、跪姿俯卧撑皆可。

次数：5—15(直腿)，15—30(跪姿)。

效果：产生上托力，事业线更清晰(图 2-1-8、图 2-1-9)。

图 2-1-8　俯卧撑直腿

图 2-1-9　俯卧撑屈腿

（6）静态控制训练。

① 站姿，双手臂打开向上举，侧弯腰（图 2-1-10、图 2-1-11）。

效果：伸展胸肌、胸腺，能防止胸部下垂。

② 站姿，挺胸收腹，两手相扣于背后。

效果：促进血液汇流在胸部，滋养整个胸腔，按摩胸腺。

图 2-1-10

③ 站姿,双臂上举,掌心合拢(图 2-1-12)。

效果:纠正不良的体态,促进胸部血液循环,放松身心。

图 2-1-11　　　　　　　　　　　　　　　　图 2-1-12

④ 仰卧,上身抬起,双手撑地(图 2-1-13)。

图 2-1-13

效果:改善胸部、肩颈、腰背的疲劳,有丰胸效果。

⑤ 坐姿,腰背部挺直坐地,身体向左侧扭转,右腿屈膝(2-1-14)。

图 2-1-14

效果:柔软脊柱、胸部的肌肉,促进胸部血液循环。

⑥ 站姿,双小臂上举,大臂与肩平,整个身体向上伸展(图 2-1-15)。

效果:放松身心,促进胸部血液循环,能防止乳房下垂。

腰部训练:

(1) 呼啦圈训练(图 2-1-16)。

图 2-1-15

图 2-1-16　呼啦圈训练

　　呼啦圈又称健身圈,在我国非常普及。要起到腰部塑形的作用,呼啦圈重量不宜过轻,使用时置于髋骨上方,每次腰间晃动时间 20—30 分钟。晃动时,保持上身挺直,膝盖放松,速率在每分钟 100 圈以上。

　　(2) 健身球训练。

　　健身球也称瑞士球,非常适合腰部动作练习。经典的动作有:

　　① 健身球伸展(图 2-1-17)。

图 2-1-17　健身球伸展

　　将健身球置于腹部下方,身体伸展,交替举起手臂和相对侧大腿。

　　② 健身球俯身屈腿(图 2-1-18)。

　　双脚贴在健身球上,两腿分开与肩同宽并弯曲膝盖,同时脚背自然弯曲,脚心朝上,大腿与地面保持平衡,收紧腹部的同时伸展双腿,注意不要拱背,尽量保持球的稳定。

图 2-1-18 健身球俯身屈腿

③ 健身球侧卧抬腿(图 2-1-19)。

身体一侧胯部紧贴健身球,腰部收紧,双脚伸直,单脚支撑,另一只脚上提至与腰部等高,做至侧腰产生酸胀感换另一侧。

图 2-1-19 健身球侧卧抬腿

(3) 地板系列训练。

① 平板支撑抬腿(图 2-1-20)。

身体做平板支撑姿势，一侧腿抬起、放下，重复至腰部产生酸胀感换另一侧。

② 仰卧转胯。

身体平卧于瑜伽垫，双腿合拢弯曲，带动胯部向两侧转动。

③ 屈肘侧卧挺髋(图 2-1-21)。

以肘部支撑，身体侧卧，腰背与双腿挺直，髋部匀速放下、抬升。

图 2-1-20　平板支撑抬腿

图 2-1-21　屈肘侧卧挺髋

腹部训练：

（1）仰卧位。

① 仰卧起坐（图 2-1-22）。

仰卧起坐是最经典的腹部练习动作，几乎不受任何场地限制。

动作要点：均匀发力起身，下落时腹肌控制速度，身体不侧倾，双手置于两耳旁侧。

次数：至腹直肌产生酸胀感即可，但每组不应少于 30 个，速率不低于 1 个／秒。

② 仰卧抬腿（图 2-1-23）。

动作要点：背部平躺紧靠训练垫，双腿合拢，膝盖微屈，匀速起落，下腹部保持收紧状态。

次数：至腹肌产生酸胀感即可，但每组不应少于 15 个，速率不低于 0.5 个／秒。

图 2-1-22 仰卧起坐

图 2-1-23 仰卧抬腿

③ 坐姿转体(图 2-1-24)。

动作要点:身体蜷坐于训练垫,屈膝抬腿,双手带动肘部在胸前两侧转动,腰背保持收紧。

次数:至腹部产生酸胀感即可,但每组不应少于 30 个,速率不低于 1 次／每秒转体。

④ 空骑自行车(图 2-1-25)。

动作要点:身体平卧,腰背贴于训练垫,双腿抬起,模仿骑自行车动作在空中交替,保持下腹部收紧。

图 2-1-24　坐姿转体

图 2-1-25　空骑自行车

次数:至腹部产生酸胀感即可,但每组不应少于 30 个,速率不低于 1 次/每秒交替。

(2) 俯卧位。

① 平板支撑(图 2-1-26)。

平板支撑最近因各种挑战而变得很受欢迎,动作姿势大家都已经熟悉,重点是肩部放松,背部挺直,腰部收紧不下压。此动作为静态性动作,想要撼动小腹,5 分钟是下限。

② 俯撑提膝(图 2-1-27)。

图 2-1-26　平板支撑

图 2-1-27　俯撑提膝

动作要点:腰背平直,肩部放松,双腿交替抬膝。

次数:至腹部产生酸胀感即可,但每组不应少于 30 个,速率不低于 1 次／每秒双腿抬膝。

美腿训练:

(1) 大腿蹲起类动作:下蹲时最低点可稍高于膝盖,但需保持腿部持续紧张。

(2) 立半脚尖,可适当增加负重,上提至最高点可采用顶峰收缩,15—20RM为宜。

臀部训练:

(1) 蹲起类动作。

该类动作要点:双脚开列与肩同宽,腰背保持挺直,下蹲时膝盖不超过脚尖,上行最高点至膝盖微屈,下行最低点至受力腿大腿与地面平行。

次数:臀外侧有较明显酸胀感即可,速率不低于 1 次／每秒完整动作。

① 徒手深蹲(图 2-1-28)。

② 杠铃深蹲(颈后),注意杠铃位置,置于斜方肌与三角肌后束上(图 2-1-29)。

③ 哑铃深蹲(图 2-1-30)。

④ 一铃深蹲(图 2-1-31)。

图 2-1-28　**徒手深蹲**

图 2-1-29　杠铃深蹲

图 2-1-30　哑铃深蹲

图 2-1-31　一铃深蹲

（2）髋部伸展类动作（此类动作腰部发力较多，因同时也有髋部参与且对臀部上沿有很好的训练效果，在臀部训练环节中有介绍）。

此类动作要点：腰背挺直，膝盖微屈。

① 杠铃硬拉（直腿）（图 2-1-32）。

图 2-1-32　杠铃硬拉

② 哑铃硬拉(直腿)(图 2-1-33)。

图 2-1-33　哑铃硬拉

③ 一铃硬拉(直腿)(图 2-1-34)。

图 2-1-34　一铃硬拉

（3）抬腿系列动作。

该类动作可采用卧姿或站姿,重点是腰背部收紧,控制身体平衡,上抬与下放保持匀速,至上臀部有较明显酸胀感为止,速率不低于1次／每秒完整动作。

① 跪姿后抬腿(图2-1-35)。

② 站姿后抬腿(图2-1-36)。

图2-1-35　跪姿后抬腿　　　　　　　　　图2-1-36　站姿后抬腿

（4）提臀系列动作。

该类动作采用仰卧位,腰部对上下动作进行控制,抬起时背部保持挺直,下放时臀部尽量不接触地面,保持处于持续紧张状态,重复次数以臀、腹部有较明显酸胀感为止,速率不低于1次／每秒完整动作。

① 臀桥(图2-1-37)。

② 单腿臀桥(图2-1-38)。

另外,还有一些充满乐趣,被实践证明有较好效果的运动方式,模特们可以根据自身条件和喜好选择自己的运动。

（1）搏击——快速有效减肥。搏击操最早由一名黑人搏击世界冠军所创立,此运动将拳击、空手道、跆拳道及一些舞蹈动作混合在一起,要求练习者随着音乐出拳、踢腿。搏击操要求速度和力度的完美结合,可以消耗大量的热量,做一小时搏击操可以消耗600卡的热量,加强腰部和腹部的肌肉力量,持续练习3个月能让练习者拥有很好的健康身材。

图 2-1-37　臀桥

图 2-1-38　单腿臀桥

（2）踏板操——上下律动的享受。踏板操作为有氧健美操的一种,要求练习者在供氧充足的状态下进行长时间的、中低强度的运动。因为踏板本身所具有的高度,加上运动的强度,完成同样一个动作所消耗的能量要比在平地上多,从而使腿部更结实,肌肉线条更优美,能有效地解决臀部下垂的问题。

（3）跆拳道——耍酷也瘦身。很多模特练跆拳道不单是为了塑形美体,还冲着那一个"酷"字去的。站在一端的教练手拿脚靶高举过腰,学员助跑几步后腾空跃起,侧身飞踹准确命中脚靶。看似颇为惊险的动作,可以锻炼模特的协调性。

（4）瑜伽——柔软的身体语言。瑜伽能用于预防和治疗多种疾病。练习瑜伽时能使身体在某个姿势下静止维持一段时间,从而达到身心的统一。练习瑜伽能使人内分泌平衡,身体的四肢得到均衡发展,即便睡眠时间不是很长,也能保持较好的体力,这对工作强度大的模特来说尤为重要。

（5）拉丁舞——塑造完美腰臀。跳拉丁舞能充分释放情绪,减轻压力,提升身体灵活度,强化心肺功能。跳拉丁舞时的人体状态:上半身,尤其是肩部应岿然不动;身体中部,包括腰部和胯部应尽情地扭动,彰显了活泼、外向的特点;下半身,腿和脚的舞蹈动作灵活多变,使模特的灵活性大大提高。

（二）科学合理的膳食结构

跟减肥需要注意运动和膳食一样,一个成功的模特一定是严格按照科学合理的膳食习惯来帮助塑造和保持完美的形体(图 2-1-39)。高热量、多脂肪的食物,一定是排除在饮食表外的。国际顶尖模特对自己的饮食都特别注意,因为保持苗条而迷人的身材在某种程度上就意味着成功。美国著名的"约翰·罗伯特动力"国际模特学校的模特食

图 2-1-39　**平衡膳食金字塔**

谱为正在减脂的模特们提供了很好的借鉴。"约翰·罗伯特动力"国际模特学校推荐的食谱每天保证食物总热量为5020千焦(1200千卡),深受广大名模们的欢迎。

他们通过模特的实践,结合科学的考量,总结出以下经验:

(1)细细地咀嚼、徐徐吞下食物的进食方法,容易让胃较快产生饱的感觉,不会导致一次进食过量。

(2)大量饮水。该学校要求模特们每次就餐前,先喝一杯水。喝水后,容易产生饱的感觉,有助于压抑过旺的食欲。

(3)每次吃饭时,不多添食物。添食是节食者的大忌。

(4)不饿不食。不饿的时候,不要吃东西。有饱的感觉时马上停止吃东西,正餐之外不要加餐。不到吃饭时间,即使饿了,最多也只能吃一个水果或少量含矿物质、蛋白质的低热量食物。

(5)进餐尽量用小碗盘装食物,这样,可以让一次取用的食物量不至于过多。

(6)少吃盐,因为盐分令身体里细胞水分滞留过久。

(7)坚持减少摄入热量。若每天平均减少摄入209千焦(50千卡)热量,一年就能减少76358千焦(18250千卡),相当于减少15.9公斤肉。

(8)节食只限一餐。节食尽管能够减肥,但过多对人体无益,放宽心情,好好享受每份食物,让节食合理有度,这才是节食者必须注意的。

值得注意的是,用餐次数的多少与减肥有很大关系。一天吸取的总热量,若将其分为一次、三次、五次来摄取的话,分的次数越多,越不容易发胖。如果一天只吃一餐,当肚子饿了的时候,就很可能吃下相当于相扑选手所吃的那么多食物,而这食物中的营养素及热量也就会完全被身体吸收。就寝前两小时不要吃东西,这样做,既能降低卡路里的摄取,又能得到身体所需的养分,用不着再忍受饥饿之苦。

(三)持之以恒的坚强毅力

无论是形体训练所需要的各项运动,还是科学合理的膳食习惯,都不是一蹴而就一劳永逸的,也没有立竿见影的神奇灵药,而是需要坚持不懈,有不间断的执行力。这就需要模特们有持之以恒的毅力和决心,要克服懒惰,还要抵御馋虫,对抗美食的诱惑。一旦中途放弃,或者三天打鱼两天晒网,都是没有用的,甚至会功亏一篑。

(四)潜移默化的艺术修养

好的形体只是一个服装模特成为合格甚至优秀模特的基础条件,而能否真正做到优秀,还取决于用形体去演绎、表达、传递服饰。这就需要模特提高各方面的素质,"腹有诗书气自华",良好的文化修养、艺术修养,会提升一个人的气质。生活中要主动积极地接受好的书籍、音乐、绘画等的熏染,潜移默化地陶冶自己的情操。这更是一个逐渐积累的过程,让模特的形体表演在艺术的感召下更富有表现力和感染力。

模特的职业感觉一般包括服装感觉和舞台感觉。所谓服装感觉就是对服装的一种直觉判断,即能熟悉服装潮流,懂得哪种款式适合哪种形体和气质的人,同时又精通自己形象的个性要求。通俗地说,就是凭着自己的直觉能摸索到最近的潮流,并依据潮流信息进行穿着打扮。一般展示能力包括舞台表演技巧和展示服装能力两个方面。无论哪一种模特都应具备在 T 型台上走台的技巧。舞台表演技巧一般都是靠专业的训练而培养出来的。服装表演一般要求模特能理解设计师的设计意图以及编导安排音乐、走台方式的目的所在。这些要求的内容就是模特表演所必须具备的展示服装能力。

作为一位优秀的模特,不仅要具备较好的生理条件、文化基础,还要对服装设计、制作与面料、配件以及音乐、舞台灯光等具有一定的领悟能力(图 2-1-40)。模特的工作场所在 T 型台上,若要在台

图 2-1-40

上取得成功,就必须在台下进行各种与之相关的素质的培养,在塑造完美形体表演的道路上持之以恒,这样才能使模特表演的职业道路越走越宽,越来越广。

第二节　服装模特形体训练应注意的问题

科学锻炼身体的原则和方法,是安排训练计划、选择训练内容和手段应遵循的基本要求。服装模特只有运用科学的形体训练理论和方法指导锻炼实践,才有助于获得理想的实效。

一、服装模特形体训练应注意全面发展

全面锻炼是要求模特身心全面协调发展,使模特身体形态、机能、各种身体素质以及心理品质等诸方面得到和谐发展。

人体是一个完整的统一体,其各部分组织器官、系统之间,虽各有相对独立的机能,但又相互联系、相互影响、相互制约。任何局部机能的提高,必然要促进机体其他部位机能的改善。当某一素质得到提高时,其他素质也会有不同程度的提高。但是,如果模特的形体训练内容和方法单一化,机体就不能获得良好的整体效应。长期只从事力量训练,心肺系统的功能和耐力素质就不会得到较大的提高;长期只从事耐力练习,速度、力量素质以及上肢的发展就会受到一定的影响;长期只从事身体一侧肢体的活动,则整个机体就不能得到匀称的发展。模特只有全面锻炼,才能促进整个身体的全面发展。否则,就会导致身体发展不均衡和不协调。对于要在服装模特大赛中有泳装环节展示身材的模特来说,这一点尤为重要。因此,在形体训练中全面锻炼是一个应该引起模特教练注意的重要问题。

(1) 模特形体训练的内容、方法要尽可能考虑身体的全面发展,努力掌握多种机能。

(2) 注意活动全身,不要限于局部。

(3) 在全面锻炼的基础上,有目的、有意识地加强局部自抗力训练。

二、服装模特形体训练应注意循序渐进的原则

形体训练对模特产生刺激,促使机能和形态改变,是在多次重复下逐渐适应、发展、提高的过程。或者说,它是通过形体训练,提高身体素质,增强体质,达到优美的体型和体态的过程,是有序地逐渐完成的,不可能一蹴而就,正如俗话说的"一口吃不成个胖

图 2-2-1　形体训练

子"。因此,模特形体训练的方法、手段和运动量,必须根据身体的适应能力,依照合理的顺序,逐步改变和提高,不能急于求成,也不能用训练专业运动员的方法、手段和过大的运动量,试图使服装模特的体能和体型在短期内达到很高的水平。任何超越模特适应能力和违反循序渐进规律的做法都不仅不能提高能力和获得实效,反而有害健康,以致使身体受到损伤。因此,循序渐进的原则是服装模特在形体训练中必须遵循的(图 2-2-1)。

三、服装模特形体训练应合理安排运动负荷

运动负荷通常称为运动量,由运动强度、密度和持续的时间等因素构成。运动强度也称为运动负荷强度,是指运动时人体在一次或一组练习时所承受的生理负荷的强度。计算运动量和运动强度的方法,通常是测量运动时心率的变化情况。它是根据人体最大摄氧量的原理(即摄氧量越大,能源物质的消耗也越大)划分强度的。

目前模特训练的实践和科学研究表明,模特形体的改善,必须在一定量和强度的刺激下才能实现。如果量和强度对模特有机体刺激过小,运动系统(肌肉、骨骼)形态结构得不到改变,就达不到塑造形体美的目的;反之,如果量和强度过大,会造成模特身体过度疲劳或导致意外的伤害事故,也会有损于健康。因此,研究安排服装模特形体训练的运动负荷是极为重要的。

（一）合理安排形体训练的运动负荷

1. 依据模特状况安排运动负荷(图 2-2-2)

图 2-2-2　形体房训练

形体训练的运动负荷应根据教学任务、年龄、性别以及模特生理机能活动的变化规律和特点区别对待。其一是年龄特点。人体随年龄的增加而变化,无论是形态结构还是生理功能,在不同的年龄阶段都各不相同。因此,在安排模特形体训练的难易项目和运动负荷等方面,要考虑到模特的可接受性,量力而行。其二,模特的性别差异也是形体训练中需要区别对待的。针对女模特的特殊情况,在训练中尤其应注意适当地安排运动负荷。

2. 依据训练内容确定运动负荷

确定服装模特形体训练运动负荷的大小要根据训练内容而定。例如,模特骨连接(关节)灵活性的训练,不宜采用重量强度较大的训练;发展肌肉的训练,则一般是在量和强度极限范围内的运动负荷越大,肌肉产生的作用越大,可对增强模特发展肌纤维起促进作用。

3. 负重练习与放松

从生理上看,服装模特有机体的应答反应大小一般与刺激作用的大小成正比,在一定限度内,结合合理的休息,负荷越大,超量恢复的效果就越好,使模特在下一次练习之前处于良好状态。如果忽视负荷与休息的统一,就会导致伤害事故。

服装模特训练后的休息时间要根据训练项目的内容来决定。一次练习的负荷较大,安排的休息时间便可相对长一些。休息时间过长或过短,都会降低模特练习的效果。休息的方式有积极性休息和消极性休息,积极性休息是通过身体练习,加强有机体机能水平的恢复。消极性休息是通过安静方式进行休息。两种休息方式也要结合训练项目来考虑。

4. 合理利用有氧练习

有氧练习对于服装模特塑造理想的体型是非常有效的。有氧练习,简单地说就是人在运动时,身体采用的是有氧代谢的供能方式。表现在运动负荷的水平上,使之保持在运动时最大心率的 70—80%(计算最大心率的方法是用 220 减去每个人的年龄)最为合适。

(二)检查和评定模特形体训练运动强度的方法

1. 观察法

观察法是常用的一种方法。在训练中,观察模特完成动作的质量、动作的准确性、控制身体的能力、呼吸、面部表情及情绪来判断运动量的大小。

2. 模特自我感觉

它包括训练后,模特的主观感觉、疲劳程度、睡眠、精神及对练习的兴趣等方面。教师经常听取模特的反映,并与观察法结合加以分析,判断运动量大小。

3. 生理测量法

生理测量是检查模特运动量的一种较为客观的方法。可采用脉搏测定的简单方法来检查评定运动量。

（三）模特形体训练课的密度

训练课的密度，是指课中各项活动合理运用的时间与总课时之间的比例。运动密度，是指模特做练习的总时间与总课时之间的比例。加强训练课中模特做练习的比重，提高课的密度，以便使模特掌握训练技巧、技能，更有效地塑造形体，完成训练任务。

服装模特在持之以恒的形体训练中，若能注意这些问题，以顽强的意志做支撑，就能提高自身形体语言的表现力，达到健身、减脂、塑形的目的。

第三节　服装模特的形体训练与素质培养

服装表演教学中的形体训练是培养服装模特艺术表现能力的开端，在形式上是以技术的方式来进行的，但实质上是服装模特素质培养的过程，是使模特的气质得以改变的一种方式。服装模特通过形体训练可以使自然形体成为富有表现力的艺术形体，再通过精湛的艺术形体的表演，展现服装设计师的创作意图、体现服装整体效果。[1] 因此，

图 2-3-1　芭蕾手位

---

[1]　杜鑫.谈女模特在服装展示中塑造艺术形态[J].青年文学家,2014,(27)：150－150.

服装表演教学中形体训练的特征具有自然的与艺术的两种属性,服装表演教学中的形体训练的基本目的,在于遵循科学规律,充分发挥服装模特身体各关节的机能,使其成为既有美的艺术形体,又具有丰富的想象力和艺术表现力的人才。因此,在形体训练教学过程中,如何使服装模特的身心得到全面发展,是不容忽视的一个问题。换言之,使服装模特身体的自然机能,如关节的开度、肌肉的伸缩能力以及旋转等功能得到锻炼的同时,让服装模特增强对美的感受力,掌握与其相适应的专业知识与文化知识,使服装模特明确,展示人体美的艺术魅力是为了体现服饰文化,塑造令人倾倒的艺术形象(图 2-3-1)。

一、推广美育教育,增强服装模特对美的感受力

生活中,美是无处不在的。正如罗丹所说:"美是到处都有的,对于我们的眼睛不是缺少美,而是缺少发现。"审美素质高低的一个重要标志,就是对美的感受能力的强弱。服装模特的形体训练本身就是一种美的艺术形式。形体训练课就是体现美、表现美的学科。

首先,要使形体课中单纯的技巧训练变成对美的初步理解。教师应该在简单的一个站位、一个手势和具有一定技巧的各种旋转、跳跃的训练中,阐释其中所体现的形式美、艺术美甚至是自然美。应教会服装模特体验形体训练时的动作与生活中习惯动作的不同点,认真辨识二者美丑的区别,捉摸形体训练中动作美感的体现。比如,站立(图 2-3-2)的基本要求如松树般挺拔,这是美丽,站成弓状就不美了,这里借鉴了自然美的形

图 2-3-2 站立

象。一个形体状态体现了挺拔的精神气质,另一个形体状态则给人以猥琐的感觉,这里则又涉及了社会美的范畴。但在服装表演中,服装模特的基本站姿除了有挺拔的后背,还需有突出的胯部,这样使服装形成皱褶,体现出服装的面料特征,服装模特只要理解了这一点,就会对体现服装美有初步的认识,也就会对形体和技巧的训练有思想上的渴求。

其次,在服装表演的形体训练中要把艰苦的训练变成有趣的审美追求。例如,在体能消耗较大的三围达标训练中,教师要创造出一种轻松活泼的形式,把训练科目游戏化,让服装模特在有趣的氛围中进一步提高对美的感受能力。比如,男模胸围的肌肉训练,可以搞成竞赛,看谁胸前挺举既做得多,又符合规范,一个月左右进行一次测量,再结合平时的饮食记录,让每月的"冠军"谈体会,这样的课堂上往往充满了欢笑和鼓励加油声,男模们的体能消耗虽然很大,但在全体女模们面前却不会感到疲倦和劳累。因为兴趣是最好的老师,它本身也可以说是美的一种体现。

二、改革教学内容,提高服装模特对美的鉴赏力

服装模特对美的鉴赏能力与对美的感受能力一样,是审美素质的重要体现。在长期的教学实践中,服装模特须每天都要重复一些单一的技术训练,才能逐渐掌握服装表演技能,从而使形体更达标,所以在服装模特中容易产生单纯的技术观点,而忽视服装表演艺术的文化内涵。有些模特往往把服装表演技能、形体的优美与否看成是服装表演艺术的唯一因素。因此我们可以对形体训练课教学进行适当改革,让形体训练课也担负起提高服装模特审美鉴赏能力的责任。

(1)适当增加形体训练鉴赏教学内容。就是利用现代化的教学手段,欣赏一些芭蕾形体训练、中外舞蹈精品以及健美比赛,这种欣赏当然不能从趣味出发,像看影视作品那样一看了之,教师的责任在于要精细地讲解其中蕴含的美:动作美、形体美、表情美等,如何评价和品味这种美,也就是如何鉴赏这种美。这一教学方式不但不会影响或耽误形体训练,相反会促进整个服装表演教学活动,收到事半功倍的效果。

(2)大胆增设难度较大的课程。笔者通过教学实践证明,服装模特在克服了对形体训练这一艰苦而漫长过程的恐惧心理之后,会把上形体课看作是很愉快的事,因为他们已经大致懂得了感受和体验美,在训练的同时得到了审美愉悦。这时,原教学大纲中规定的难度已经不能适应模特要求了。为了进一步在教学中提高模特对美的鉴赏力,增加课业难度不但是可行的,而且是必需的。当然这难度不可任意增加,一般以按原教学大纲超前一年的程度较为合适。例如,地面垫上肌肉的拉伸练习—芭蕾的把杆练习—芭蕾形体舞蹈小品练习等。难度的增加,不单是为了让模特多掌握些技能,更主要的是要他们懂得鉴赏美。形式美和艺术美不必说,就连形体训练中必然

会涌现的刻苦精神和顽强毅力这些属于社会美范畴的精神之美,也是教师不可放过的授课内容。[①]

（3）按照男女模特的不同生理特点在形体训练教学中穿插舞蹈小品。按照服装表演专业教学大刚的要求,舞蹈课课时很少,而且舞蹈课是与形体训练课分开的,笔者认为还是适当穿插起来为好。舞蹈小品的学习表演过程是一种艺术美的综合体现,其中既要有形体动作之美,又要有精神气质之美,更要追求特性风格之美,因此它是教育服装模特增强美的鉴赏力的好教材。而男女模特在各自的舞蹈小品中发挥自己的生理优势（男模较有力度,女模柔韧优美）,以此来阐释不同美的表现形式和学会鉴赏不同的美,了解阳刚之美与阴柔之美、壮美与优美的异同,以便更好地鉴赏美,并在服装表演的过程中,既感受自身的美又欣赏别人的美,会深深地沉浸在美的熏陶中（图2-3-3）。

图 2-3-3　模特表演的舞蹈小品

三、强化能力训练,培养服装模特对美的创造力

审美是一种情感活动,因此美育是一种情感教育,提高审美素质,就是要培养一种高尚的情感。服装表演是以模特的形体动作表达服装设计师创作意图、体现服装

① 　周婕.刍议我国时装模特的素质培养问题[J].宿州教育学院学报,2009,12(4):161-162,169.

风格的艺术,高尚的情感体现在对服饰的二度创造中,但在单纯的表演技能中,是无法表达形式美以外更多的美。这就是说,对服饰的二度创作就是模特创造的艺术美(图 2-3-4),就是在培养高尚的情感,我们应该在形体训练的教学过程中通过创编组合小品能力的培养,提高模特对美的创造力,这是审美素质教育的重要组成部分。笔者的教学实践证明,对于一个只学了一些简单动作技巧的模特来说,只要遵循由浅入深、循序渐进的原则,大多数模特都能够通过自选题材、体裁、音乐和舞汇,自创、自编、自演舞蹈小品。教师要从增进模特对美的创造力的高度,在其创作活动中自始至终给以切实指导,从表达情绪开始,进而表达情节,表达情境,表达情感。从组合到小品,到上服装表演专业课时,他们基本能根据服装的风格选择合适的音乐,运用恰当的动作与造型来体现设计师创作意图,展示服饰的魅力,有的还具有较高水平。这是美的创造力培养(主要是艺术美)。在服装表演教学的形体训练中,不仅仅是动作的协调性、肌肉的灵活性、三围的达标性训练,更多地要从创造美的角度提出要求、评论高低、判断优劣,模特会在对美的追求中掌握知识和技能,这样不但学得轻松,而且学得扎实,还会在潜移默化中受到美的熏陶,对于培养模特的高尚情操起到很好的作用,正所谓"美以辅德","美以益智"。

图 2-3-4 对服饰二度的表演

　　由于现在服装表演教学中的形体训练从提高审美素质角度进行了改革,因此必然也对教师提出了更高的要求,不但要求教师要有较高的业务技能,而且要求有更高的理论素养,尤其要具备相当水平的美学知识。[①] 只有这样才能提高模特对美的感受能力、鉴赏能力和创造能力,使服装表演教学中的形体训练达到练素质、练体质、练气质的目的,从而培养出有一定艺术修养的优秀模特。

四、借鉴审美新模式,普及服装模特对美的发现力

　　审美教育是近20年兴起的一种教育形式,以往我国的教育方针并没有把它归纳进去,而且在这20年的高校审美教育中,也只是强调以艺术审美为中心,而忽视了其他审美教育形式。其实审美应当是人生之艺、人生之情、人生之趣、人生之福的教育。因此,在服装模特都以艺术审美为中心的课程设置上,我们强调,其实在现实生活中,美的形式是多种多样的,虽然艺术审美被作为审美的高级形式保留下来,但并非只有艺术审美这一种形式,还有和生活、社会发展有着密切关系的工艺美、生活美、自然美等新的审美形式(图2-3-5)。

图 2-3-5　中期展个人照片

1. 工艺审美

　　工艺审美其实就是人与物相结合,并产生使人心理愉悦的一种感受,是当人们在生产劳动实践过程中创造出让人产生愉悦的产品而感受到美的时候的一种心理体验。工艺审美的基本精神是现实追求与审美追求、物质生活与精神生活的相互融合。每个模特都有

---

① 　虞德华.改革舞蹈教学,提高学生审美素质[J].辽宁师专学报(社会科学版),2001,(6): 105-107.

审美意识,并且积极自觉地因爱美而创造美,从而欣赏美,以美的创造提高自己生活质量,以朴素的物质精神手段美化自己。① 由于工艺审美不脱离大学生模特的物质生活条件,因而也是大学生模特中最具普遍性的审美形式之一。

当模特以工艺审美的形式将审美因素最大限度地渗入生活时,他们所有的物质劳动产品不仅实用,同时也会悦目赏心。大学生模特所在的内外居住环境较优美舒适,充满画意与诗情,如果每位模特都能够以工艺美的形式提高自己的生活质量与精神内涵,那么审美才算是最大限度地融入了生活,提升了生活,美化了生活。我们无法将生活完全艺术化,却可以在审美教育中将工艺美的因素极大地融入生活(图 2-3-6)。

图 2-3-6　模特审美渗入生活

工艺审美这种兼物质生活与精神生活于一身的两栖性生命活动,在当代社会物质与文化生活两个方面都占有很大比重,是当代社会生活的主体部分。因此,认真研究工艺审美,在对服装模特的审美教育中大力张扬工艺审美,让大家积极自觉地美化自我,充分发挥工艺审美与生活为一体的独特优势,让工艺审美渗透到服装模特生活的方方面面,提高其生活质量,极具理论与现实意义。

---

① 戴岗.关于我国高校审美教育模式的几点思考[J].教育与职业,2009,(27):101—102.

图 2-3-7　模特个体形式美

2. 生活审美

生活审美也被称为社会审美(图 2-3-7),是一种积极肯定的生活形象,它不仅根源于实践,而且本身就是实践的最直接表现。同时社会美和理想有着密切的联系,如人们常说的心灵美、精神美、性格美、内在美等。生活美是人类以自身现实生活为对象的审美形式,它是以审美的形式对自己现实人生的价值肯定。

人类审美价值的最大实现,莫过于生活的审美化。让模特们在生活中审美,以审美的模式肯定自身的现实生活,是帮助他们获得人生幸福感、实施人文关怀的基本途径,因而我们应充分发掘现实生活的审美价值,倡导服装模特的生活审美。

生活审美的起点是个体审美。如果我们倡导每一位模特都努力成为同伴的审美对象,能使同伴赏心悦目,就能充分地肯定自我的存在。因此服装模特的专业基础课中有意识地开设了诸如《形体训练》《礼仪》《舞蹈基础》等含有审美教育的课程,使模特了解自身的体形与容貌之美,在自然美、健康美的基础上知晓人并不满足于纯自然状态。因而就有了个体美之第二层次:以服饰与美容为主要表现形式的自我美化行为。让模特学会以工艺装饰手段升华自己身材的自然条件,从色与型两个方面对自我自然形貌条件扬长避短,使个体形式美具有更丰富的文化内涵。试想一下,一个无论是生理能力(卓越的体能、动手能力),还是心理能力(优秀的知识、智慧、意志及专门生活技能)都超出社会平均水平的服装模特踏入社会,其自身卓越的生存能力能不得到别人的欣赏吗? 当然,对个体的审美评价还需要以自我的道德自律意识——德行为前提。生活中,一个在精神上给人好感的人,一定是一个道德自律意识较强,尽量做到利己而不损人的人。一个外形美丽但十分自私的人,你可以当明星在挂历上欣赏他(她),现实生活中与他(她)相处,你绝无好心情,也不会真心喜欢对方。①

因此,每位服装模特要成为同伴眼中的审美欣赏对象,必须是一个同时拥有了健康、修饰能力、德行与文化修养的人。

良好的人际关系,是服装模特现实生活的重要方面,是积极心理状态的重要基础(图 2-3-8)。恶劣社会环境下人不会有好心情,一个整天生活在与别人吵架、生气的群体环境中的人,很难找到其人生幸福感。故而,良好的人际关系、和谐的社会精神氛围,既是生活美的组成部分,更是和谐模特人才培养必备的前提条件。

图 2-3-8 良好的人际关系

总之,让服装模特在现实生存中体验人生幸福感,充分地肯定和享受现实人生,是服装模特审美教育中生活审美的基本理念。

3. 自然审美

自然审美就是人对自然界各种对象与现象的欣赏,它可以使服装模特从蓝天白云、绿树红花、河流溪水中获得欣赏形式美的眼睛与欣赏音乐美的耳朵。有些学校服装表演专业开设了《中国花鸟画》《中国古典文学》等课程,从"关关雎鸠,在河之洲,窈窕淑女,君子好逑"到"江山如此多娇,引无数英雄竞折腰"。对于模特们来说,大自然是人类艺术创造

---

① 王建民. 当代美育的生活转向及其对大学美育创新的影响[D]. 河北大学学位论文,2004.

图 2-3-9 模特大自然中生活照

的启蒙老师。自然万象不仅能激发他们的喜怒哀乐之情,还能启发他们的生存智慧。历史上,思想家们都从大自然中获得了广博深厚的人生智慧,大自然是永恒的人生导师。对于心智发达敏锐的服装模特来说,大自然中蕴藏着取之不尽的人生真谛。因此,审美教育中的自然之美,又关乎人生之道,欣赏大自然,同时也是获得人生智慧的重要途径(图 2-3-9)。

要让模特们意识到,大自然不只是人类物质上的生存环境,同时也是人类的精神家园。对自然界的情感,对自然的敬畏,对地球母亲养育之恩心存感激,在人与自然之间建立起朴素、持久的精神联系,是人类自然审美经验的最高层次内涵。

在这一审美教育模式中,让每位模特在朴素、不经意的直观中感受自然生命对于人类的生存意义与精神价值,让他们由欣赏自然而依恋自然、保护自然,在自然审美中重建人与大自然的精神联系,培育起人对自然的家园感。自然审美正是以其温情、朴素的审美形式在服装模特的审美教育模式中起着不可替代的独特作用。

第三章　服装模特表演技能的形成及训练模式

第一节　服装模特表演技能形成的系统分析

熟练掌握表演技能是顺利完成服装表演的重要保证。众所周知,服装表演的过程是一个由台步、转体、造型等一系列特定动作构成的系统,这就是所谓的"展示方式"。当模特通过练习掌握某种特定的展示方式,并根据这种特定的展示方式经过定向、模仿、整合、熟练四个阶段形成动作系统时,就具备了服装表演技能。而在服装表演技能形成的四个阶段中,模特的学习心理状态是非常丰富而复杂的。各种心理因素相互交织、相互作用、相互影响。因此,从学习心理这一角度来对服装表演技能的形成过程进行具体的剖析,对于科学地揭示这一技能获得过程,从而提高服装表演的教学效果,具有十分重要的理论价值和实践意义。[①] (图 3-1-1)

图 3-1-1

[①]　戴岗.时装模特表演技能的行为训练模式与心理训练模式[J].东华大学学报(社会科学版),2004,4(3):54—58.

一、服装表演技能的定向

服装表演技能的定向,指在了解服装表演构成要素的基础上,在模特头脑中建立起表演技能活动的定向映象的过程。也就是模特必须了解表演时动作的轨迹、转圈动作的幅度、造型的方向与台步的频率等;同时还要了解这些表演技能的构成要素之间的关系及顺序,即了解每个构成要素在功能上与时间分布方面的关系。当模特认识到这种表演的结构过程时,即意味着在其头脑中建立起了相应的服装表演活动的认知结构。具有了这种认知结构,模特才能调节自己的活动,做出相应的动作(图 3-1-2)。这时的表演技能的定向是一种内化了的动作,是实践活动在头脑中的反映,属于动作经验。因为技能学习不同于知识的学习,知识学习所要解决的是事物是什么及怎么样(即陈述性知识)、做什么及怎么做等问题,而技能的学习所要解决的是完成活动要求的动作会不会及熟练不熟练的问题,所以表演技能尽管也有智力技能成分参与其中,但显示其独特性的仍然是其外在的肌肉动作。[①] 从其独特性来说,表演技能的定向,必须借助于以"练习"的学习形式使这种活动得以"外化"的原型(即实践模式)才能进行。例如,要学习台前转圈,就必须学会一个系列的肌肉反应动作,首先要掌握好重心位移的变化,然后形

图 3-1-2

---

① 吴磊.关于钢琴演奏技能形成的系统分析[J].交响——西安音乐学院学报,2002,21(4):69—71.

成转体留头动作的不同层次感,还要注意动作的流畅性,一气呵成。观察表明,模特了解转体动作的结构,对于这种实践模式的动作结构在头脑中也会有清晰的反映。但在完成这一技能时,其行为特征往往是动作不协调、不稳定、速度慢,肌肉性的外显操作过程反应不灵敏。要有效地改善这一现象,就有必要研究如何控制行为,也就是形成服装表演技能的第二阶段——模仿练习。

二、服装表演技能的模仿

服装表演技能的模仿,一般指仿效特定的表演动作或表演模式。模仿可以是有意的,也可以是无意的;可以是再造性的,也可以是创造性的。它是掌握服装表演行为模式所特有的一种学习形式。模仿是服装表演技能掌握的开端。表演技能的定向对表演技能的掌握是必要的前提,表演技能的实际掌握,是从模仿练习开始的。只有通过模仿,才能使调节表演方式的动作映象得到检验、巩固、校正与进一步充实。在表演方式的学习中,做出的动作是由一定的刺激作用,唤起相应的动作映象,再由一定的动作映象调节而做出相应的行动的。动作映象是表演方式的内在的直接的调节机构。[①] 在服装表演技能的练习过程中,表演动作映象是在模特所学的表演方式进行定向认知的过程中建立起来的,这时建立的动作映象是否正确、是否完整,还有待其在模仿过程中通过实际练习进行反馈和检验(图 3-1-3)。如果在模仿过程中其表演方式取得了预期的效果,则说明这种表演方式是正确的,其头脑中的动作映象也就得到了巩固。如果

图 3-1-3

---

① 陈静.舞蹈表演技能形成的系统分析[J].剧作家,2011,(6):160-161.

在模仿过程中,其表演方式没有取得预期的效果,则通过反馈信号的传入,使模特对已在头脑中建立的动作映象进行校正、重新定向。

模仿不仅可以使已获得的有关表演的动作映象得以检验、巩固与校正,更重要的是通过实践训练,可以使模特的效应器官处于活动状态,并获得其效应器官相关联的肌肉感觉,从而使其原有的动作调节机构——服装表演的动作映象进一步得到充实和完善,从而初步形成其动作技能。而来自有机体的动作结果的这种返回传入,即动觉的内导作用是十分重要的。苏联著名的神经心理学家鲁利亚指出:"为了完成一个动作,首先必须有动觉的内导作用,换句话说,必须有动觉冲动系统。这种冲动把运动着的肢体、关节和肌肉紧张的情况'通知'大脑。如果这些内导冲动缺失了,动作失去了内导的基础,那么由大脑皮质走向肌肉的反应冲动,实际上就成为失调的冲动。……使得完成相适应的必需姿态不能得到保证。"这说明动觉对行动的调节是十分重要的。而这种调节行动的动觉信号,正是在模仿练习中获得的。它使模特感知到自己的动作状态,从而产生关于动作的表象,也就是我们通常所说的"肌肉感觉"。它在模仿练习中能够觉察和评判模特自己身体各部分相对位置的变化。例如在练习新潮时装的表演台步时,胯部摆动可以明显一些,这时模特通过镜子,在视觉的监督下完成有些夸张的胯部动作,同时体会正确摆胯时的肌肉运动感觉,从而逐步学会利用自己的动觉作为信号来控制自己的动作,强化其表演动作技能的形成。

三、服装表演技能的整合

服装表演技能的整合,即把构成某一服装表演技能整体的各要素依其内在联系,联结成为整体,从而使各要素一体化。服装表演技能的整合作为表演技能形成的一个阶段,通常为掌握一系列复杂的表演技能所必需,因为复杂的表演动作系列的掌握不仅要求确切地把握每一个表演动作,同时也要掌握各表演动作间的动态联系。事实表明,在复杂的表演技能掌握过程初期,各动作之间的动态联系通常是不协调的。有时产生不应有的间隔,有时会产生顾此失彼的干扰,有时还会掺杂不必要的多余动作。这种不协调的现象突出表现在动作模仿阶段,特别是采用分解练习分别对各段表演动作进行局部模仿,然后过渡到整体练习这一时间。例如,练习展示内外两件服装的表演技能,要求做得十分流畅,并在较短的时间内熟练、优美地完成全套动作。模特需要分解练习:(1)身体其他部位不变形情况下的解扣动作;(2)外套褪于肩下、褪于肘上的动作;(3)外套从身后滑落到手中,抓住衣领的动作。而在行进过程中完成整体的脱外衣的动作时,模特往往会由于台前转圈而影响到一系列动作的准确进行。这就表明各个动作间的动态联系尚未建立。为此,模特要进行表演技能的整合练习,这样才能有效建立起各技能动作间的动态联系。

服装表演动作间的动态联系是依据各技能动作的功能及其内在联系而确定的时序系列。只有这种时序系列确立了,各技能动作的动态联系才能发生。这时模特就明白了先做什么、后做什么,一个表演动作完成的同时也即成为下一个表演动作发生的信号,这样整个表演活动就趋于协调(图 3-1-4)。

在服装表演技能整合阶段,模特的技能动作常表现出不稳定,动作的某些环节在衔接时往往出现停顿现象。这是因为各表演动作间的联系正在形成、尚不稳定所造成的。另外,在条件不变时,动作较为稳定,而

图 3-1-4

稍一变更条件,则难以维持动作的稳定性、精确性。例如,在表演场地有台阶时,上下台阶的台步节奏容易变慢,台阶上的造型不容易一步到位(图 3-1-5)。

模特在表演技能整合阶段,视觉控制不再起主导作用,逐渐让位于动觉控制,但在动觉控制不稳固或条件变更的情况下,视觉控制先起作用。这时模特知觉范围逐渐扩大,自我评价能力增强。

服装表演技能整合的最终目的是为了形成表演技能的动力定型。动力定型是靠相继操作的动觉联系而实现的。这种动觉联系表现为前一个动作结果动觉反馈感受成为后一个动作启动的信号。为此,必须随着表演技能动作系列的掌握,逐步加强动觉的控制作

图 3-1-5　模特表演在上下台阶

用。观察表明,模特对动作的肌肉运动的感觉是随着表演技能练习程度的提高而提高的。训练中,在视觉控制下能正确完成的动作,应逐渐过渡到排除视觉控制下的动作练习。可以进行有视觉参加和无视觉参加的交替练习,这对提高动觉的准确性、清晰性及意识和控制作用都是必要的。对动觉感受性较低的模特,要在整合练习中形成各动作的高度协调。既包括精细的运动,也包括大肌肉群的运动。主要感觉眼和手脚、头部动作的协调配合,肌肉运动对速度、距离、方向等的适应,各种表演动作的动力平衡与配合,前一动作的完成为后一动作的执行准备条件,按照一定序列,在整合练习中达到使复杂的表演技能统一。

四、服装表演技能的熟练

服装表演技能的熟练,是指通过练习而形成的表演方式,对各种变化了的条件所具有的高度适应性,在表演时能达到高度的完善化与自动化,它是表演技能掌握的高级阶段①。这是随着表演方式的概括化与系统化,能够使模特在表演时不仅其技能动作能高度完善化,而且其意识控制水平可以大为降低,并能"自动"进行。但这并不意味其动作是无意识的,只是在表演过程中,不需要高度的意识控制,不需要占据注意中心,而可以通过注意分配,有效完成一系列服装表演动作。表演技能的熟练过程,从生理机能上来说,就是大脑皮层上建立相应巩固的动力定型的过程。这是由于组成表演技能的台步、造型、转体这些动作在反复练习中,使大脑皮层的相应的调节区域经受一定程序,出现的刺激物的作用,因而形成与之相应的暂时神经联系系统,即动力定型。由于在一定的服装表演技能中,构成其特有的动作方式的各个环节的动作是按一定的程序构成的,因而当这种动力定型建立之后,表演活动信号刺激一出现,

图 3-1-6

---

① 李俏.论舞蹈学生综合素质提升[J].剧作家,2011,(6):158−159,161.

就可以自动地引起这一动力定型内的各个动作的反应。于是,表演动作就以自动化的方式进行(图 3-1-6)。服装表演技能掌握到这一熟练阶段后,模特不仅表现出表演动作的灵敏性,而且具有高度的正确性与稳定性,在各种变化了的条件下都能顺利地完成;表演动作间的不协调现象与干扰现象开始消失,能够达到高度协调一致;表演动作的连贯性、整体性、简易性加强,不再有多余动作;视觉的监督作用大为降低,而动觉的控制作用大大增强;知觉的广度、精确性与敏锐性以及辨别力大为提高;注意分配的可能性加强;在表演时,紧张感逐渐消失,疲劳感也相对降低。模特在表演技能的熟练阶段,其表演能力在相应的表演技能达到高度熟练的基础上形成。

　　综上所述,表演技能的形成,始于服装表演的定向阶段。表演定向的主要任务在于掌握表演技能要领及表演技能要素系列和结构。表演技能的模仿是在表演定向的基础上进行的,其主要任务是对表演技能系列进行分解模仿或整体模仿,从而能以实际练习复制表演活动方式。表演技能的整合是继模仿之后,模特能以实践练习复制各个表演单一技能之后进行的,其主要任务是确立各单一技能的内在联系,使表演活动协调一体化,把握各表演要素的联结,并消除多余动作与干扰。在表演技能系列经整合阶段而一体化后,再经练习,就可使表演技能达到熟练水平。模特表演技能的熟练以高度完善化(动作的规范化、稳定化)与自动化为特点。由此可见,技能学习不同于知识学习,它呈现一种独立的模块特性,为达到特定目标而建立起来的表演程序之间并不发生横向联系。因此,对于服装模特来说,掌握服装表演技能的四个阶段缺一不可。

第二节　服装模特表演技能学习中的"高原现象"分析

　　服装模特在动作技能的学习训练过程中,进展到一定阶段就出现停滞不前的局面,成绩几乎没有提高。这种现象在心理学上称为"高原现象"(Plateau Phenomenon)。关于"高原现象"产生的原因,学术界没有一个明确一致的答案。有的认为是由于服装模特没有完成对旧的服装表演结构和服装表演的方式、方法的改造,或是由于服装模特对技能掌握的兴趣降低,对服装表演产生了厌倦等消极情绪,或者身体状况欠佳。这些说法均有其合理性,但从服装模特的特殊性来说,笔者认为"高原现象"的产生主要由以下方面的因素造成。

一、主体因素

(一)服装模特自身接受表演技能的状况不佳

　　笔者认为,"高原现象"产生的原因不能一概地归咎于服装模特接受表演技能的能力减弱,而应根据其练习的服装表演技能难易程度做具体分析,看其是否具有最佳的动机水平。虽然人在各种活动中大脑皮层都有一个最佳水平,服装模特大脑动机水平很低,接受服装表演技能的水平自然不高,但服装模特大脑的动机水平过高,效果也未必就佳。在比较容易的动作造型、步伐和台前亮相中(图 3-2-1),服装模特掌握表演技能的状况随大脑动机水平的提高而上升,在较难的体现服装风格、突出设计师特点的表演中,服装模特大脑动机的最佳水平有下降的趋势。在服装表演技能的学习过程中,如果模特不能随服装表演技能练习内容难度的变化适时调整自己大脑的动机最佳水平,那么其自身接受服装表演技能的状况不佳,服装表演技能学习的进展也不会好。

图 3-2-1

(二)服装模特没有完成旧的服装表演结构及服装表演的方式、方法的改造

这是产生"高原现象"的一个重要原因。模特完成服装表演技能学习中基本造型、基本步伐的部分练习任务,服装表演技能达到一定水平后,要想再进一步提高,取得表演的更大进展,就必须突破自己旧有的服装表演结构和表演的基本方式方法,建立新的、能够体现服装风格、突出设计师特点的表演

图 3-2-2

方式。① 如果这个转变不能实现,那么就不能从相对较低层次的服装表演技能的学习进入相对较高层次的表演技能的学习,从而使服装模特的表演技能一度停留在固有水平上,没有提高。所以,服装模特经过一年的基础培训后,对外形条件较好的模特要鼓励他们参加全国性比赛,在比赛中突破已经固有的习惯化的表演结构和表演方式,通过新的刺激提高服装表演技能(图 3-2-2)。

（三）服装模特的意志品质差异

大学服装表演专业的服装模特入学以前都是高中生,基本都是独生子女。家庭教育的差异会带来意志的独立性、自制力、坚定性和果断性等方面的差异。在服装表演技能的训练中遇到困难时,往往有人缺乏毅力,没有勇气和决心继续努力。这也导致服装模特表演技能掌握到一定程度后不能继续提高,徘徊不前。

二、客观因素

（一）服装表演技能训练内容难度过大

学校课程设置中对一年级新生来说,首先是专业基础课,没有涉及服装表演的专业课。但如果这时有身体基本条件较好的同学被模特大赛初选选中,教师就必须让其在短时间内进行服装表演技能的强化训练(图 3-2-3)。在简单容易的基本造型、基本步

图 3-2-3

① 戴岗.时装表演技能学习中的"高原现象"分析[J].苏州大学学报(工科版),2003,23(6):50—51.

伐、台前亮相的内容后突然安排复杂困难的综合类服装表演技能的练习内容,难度幅度过大,缺乏服装表演技能中分类的过渡性训练内容,以致新手难以适应更高层次的服装表演技能的训练,茫然不知所措,服装表演技能的掌握反而一时难以提高。

(二)服装表演技能训练时间安排不当

训练是服装表演技能获得的主要途径,但训练不等于单纯的反复操作,有的模特因急于求成,长时间反复练习表演技能中的单个动作,时间一长,便容易产生反应性抑制的累积作用,出现厌烦情绪,致使表演技能掌握的效果不佳。

三、解决方法

分析了"高原现象"产生的原因,我们可以通过一些途径来尽量克服,促成模特表演技能不断提高。

首先,我们应对"高原现象"有一个正确的认识。服装表演技能学习中出现"高原现象"并不意味着服装模特的表演水平已达到了极限。服装表演专业是一个新兴的专业,其表演结构的总体模式是以变幻莫测的灯光、节奏强烈的音乐与服装模特的动态展示三者结合在一起来体现的。但随着时尚的变化,审美观念的变革和情感的深化,服装表演的艺术形式已从原有的形态表现形式转向情感和柔性形式,展示手段也在不断创新,对服装模特的要求也在向多样化发展。所以,在服装表演技能的学习中要在内在素质上下功夫,掌握良好的表演技能的学习方法,克服各种障碍,就有望在"高原"期后出现表演技能水平继续提高的局面。

其次,服装模特应克服自身主观方面的一些障碍。

(1)调整自身接受表演技能的水平动机。课题中表演技能内容的难易不同,完成这些表演技能所需的大脑动机的最佳水平亦不同。服装模特经过一段时间的训练,掌握了基本步伐后,表演技能训练内容增多且变得复杂起来,表演技能的难度逐渐加大,这时候服装模特容易出现两种极端的大脑动机水平:一种是大脑动机水平骤然降

图 3-2-4

低,产生畏难情绪,表演技能训练的效率随之降低,服装表演技能的掌握徘徊不前;另一种是大脑动机水平仍处于较高的状态,急于求成,但表演技能的掌握没有进步。这两种极端的大脑动机水平都会引起"高原现象",影响服装表演技能水平的提高。此时,服装模特应及时调整自己的大脑动机水平,使自身接受表演技能的动机水平与要完成的表演技能的训练相协调,达到最佳状态(图 3-2-4)。

(2)尽快建立新的服装表演结构及服装表演的方式方法。服装模特在服装表演技能学习中会不断受到时尚挑战,这就需要他们的新的服装表演结构、新的服装表演方式方法来代替已经习惯了的、固有的表演结构与方式。特别是从较低层次的表演技能训练进入较高层次的表演技能训练时,这种需要尤为强烈。如果难以完成这种转变,就可能导致"高原现象"的产生。如练习行进中的连转动作时,对一个已经习惯用不规范姿态转体的人来说,要求他用正确的姿态转体,连转的个数反而暂时会下降,这就是因为其旧有的表演技能结构还没有完成改造,或者是在改造过程中遇到困难便放弃,从而使服装表演技能掌握始终维持在一个水平上得不到提高。所以在服装表演技能训练过程中,服装模特在形成新的表演结构和方式时若遇到困难切勿轻易放弃努力,指导者也应积极鼓励并帮助模特坚持进行旧有表演结构方式的改造。服装模特一旦建立起了新的服装表演结构和表演的方式,就可以克服"高原现象",大幅提高服装表演技能。

(3)养成良好的意志品质。坚强的意志是服装模特自觉克服表演技能学习中的困难、完成表演技能必不可少的条件。而良好的意志品质总是在克服困难情境中获得的。以模特大赛前的强化训练为例,为了不断提高参赛模特的表演技能水平,我们总是设置困难情境,常常要求模特在冬天模拟出夏日海滩的场景(图 3-2-5),着意锻炼和培养服装模特的意志品质。有时还假设比赛中不利的排名,以之来培养服装模特理智地调节自己的心理状态和外部行为,有效完成比赛要求。所以,在服装表演技能的训练过程中,服装模特应自觉地在指导者创设的困难情境中锤炼自己的意志,以顽强的毅力自我排除不良因素的干扰,完

图 3-2-5　**室外实景海滩**

成服装表演技能的训练,不断提高自己的表演技能。

再次,指导者应合理安排表演技能的训练内容和训练时间。

(1) 在服装表演技能学习中,表演技能的训练内容应遵循由低到高、由易到难、由简单到复杂的循序渐进原则来安排。这样的课程设置顺应了无基础服装模特的自然适应过程,能够取得理想的表演技能的训练效果。合理安排服装表演技能的教学内容对于服装模特克服"高原现象"有积极的作用。这里还应指出的是,避免学习难度骤增,并不等于让模特的表演技能训练内容始终停留在较低层次上,适时、适度提高表演技能的训练难度是必要的。

(2) 服装表演技能训练时间的合理安排也是克服"高原现象"的一个重要途径。因为我们知道服装表演技能是通过练习获得的,因此在训练中一味让服装模特集中时间反复练习固然能加深服装模特对表演技能的印象,促成表演技能的获得,但简单乏味的某个动作的重复,只会引起模特大脑的疲劳和心理上的厌倦。现代科学也证明,同一频率上信号反复刺激神经元,神经元的反应水平就会降低。若稍微改变其刺激频率,反映水平又会提高。所以指导者在服装表演技能的训练中应将模特集中练习与分散练习两种方法结合起来。一个动作的练习进行了一定时间后,可以改换为另一动作的练习。表演技能训练中还可以适当安排休息时间,这样可以使模特消除疲劳和厌倦感,保持旺盛的练习精力,促使服装表演水平继续提升。

同时还要充分利用反馈信息。反馈分为内部反馈和外部反馈两种。内部反馈主要来自模特内部的肌肉感觉提供的信息,外部反馈主要是由模特听觉、视觉等提供的反馈信息。充分利用反馈信息,让模特了解自己的练习结果,对于提高表演技能、克服"高原现象"是积极有效的。

服装模特还应多进行心理练习。心理练习指当模特没有进行身体练习时,在大脑内反复思考服装表演的进行过程。在教学中证明,心理练习这种方法也有助于克服"高原现象"。

总之,服装表演技能学习中出现的"高原现象"虽然会暂时影响服装模特表

图 3-2-6

演水平的提高,但只要正确认识这一现象,认真分析其原因,树立信心,采用正确的方法,完全能够突破"高原现象",获得更大的进步(图 3-2-6)。

第三节　服装模特表演技能的行为训练模式与心理训练模式

　　培养服装模特的表演技能,是目前服装表演教育领域中的一个重要课题。尤其是现在各种模特大赛频繁举行,要想取得好的名次,就必须对形体条件好的模特进行表演技能的行为训练与心理训练。如何运用现代化教学手段,构建表演技能的行为训练模式与心理训练模式,从而提高服装模特在大赛中的水平,具有十分重要的理论价值和实践意义。

一、服装表演技能行为训练模式的局限性

　　随着科学技术的发展,电化教学逐渐兴起。在服装表演的教学中,借助录像等现代化手段,通过示范观察、角色扮演、重现记录、分析评价、反馈校正等一系列环节,对服装表演技能进行分式培训。运用这种方式培训服装表演技能,其训练目标明确,训练项目集中,背景条件简单,又可以控制,因此,模特心理压力小,可以集中学习某些特定的动作,并通过录像直接观察自己的行为,获得清晰完整的反馈信息,便于在教师的指导下修正提高。我们几年来的实践也证明:运用现代化教学手段培训服装模特的表演技能,其效果明显优于传统的讲解与示范方法。

　　但在通过试验证明其有效性的同时,我们也发现了这种训练方法中隐藏的问题,即通过这种教学训练,服装模特对单一的服装表演技能的掌握和运用,明显优于服装表演技能的组合运用;在无条件或简单条件情境中服装表演技能操作的正确性,明显优于有条件或在复杂条件情境中的服装表演技能操作的正确性(图 3-3-1)。这一实验结果的发现,不能不使我们考虑借助现代化教学手段掌握的服装表演技能,能否迁移到实际的服装表演中去。的确,服装表演技能的迁移水平,是服装表演技能培养中应该特别关注的重要问题。实际表演或大赛的情境总是复杂多变的,服装模特表演技能训练的有效性,只有通过其在具体的服装表演中所采用的具体行为的有效性来证明。即服装模特在服装表演中,能运用所学的服装表演技能,正确或基本正确地处理其所面临的具体的复杂多样的表演情境,保证在各种常规条件下顺利完成表演或比赛任务,实现表演或比赛目的。如果以这样的标准来看待我们的实验结论,自然会对这种服装表演技能训练方式的有效性产生怀疑,会看到其有效性和所存在问题之间的矛盾,这就促使我们考虑:如何才能保证服装表演技能训练的有效性?

图 3-3-1

　　目前,以现代化教学手段来训练服装模特的训练模式是一种行为训练模式,其研究与实验的重点,放在行为的观察和改变行为表现上。在这样的观念指导下,教师在指导服装模特表演技能训练的过程中,把主要精力放在服装模特对具体表演行为的观察和模仿上;在评价服装模特的表演技能实践时,注重模特的行为与原型提供的行为在动作特征上的平行,要求模特的模仿必须在静止造型上与原型一一对应。力图通过录像、照片的对比,将基本的服装表演动作规范化,并把它们一一地固定下来,变成服装模特的具体表演方式。事实证明,在简单模拟水平条件下,教师的意图通过这种方式实现了,而且训练效果明显优于传统教学法中普遍采用的讲解与示范方法(图 3-3-2)。这是源于以下原因:第一,它将复杂的服装表演技能加以细分,变成一个个相对单一的、脱离复杂情境的简单动作,使模特不必再把体现设计师意图、突出服装风格和服装功能等作为表演行为的重点,而只是把需要执行的那些走台、造型和亮相作为学习的对象,从而使表演动作变得易于观察、易于表现。第二,由于有可供对照的原型,又有准确的可反复观察研究的真实记录,服装模特获得的反馈信息变得清晰、具体,动作的评价变得简便易行。第三,由于对模拟训练的情境有控制,使其变得比较简单。加之训练项目单一,因此模特训练时心理压力小,积极性高,训练效果明显提高。正是由于上述特点,才保证了运用这一模式训练服装模特表演技能的有效性。

图 3-3-2

　　然而,我们在强调服装表演技能的特征时,不仅要求服装模特掌握动作技能,同时还要求其具有一定的心智技能。因为服装表演技能具有"动作技能与心智技能的兼容性"特征。在表演时,心智技能部分是内隐的,无法直接观察到的,同时,它又对表演动作、表演方式的选择、执行起着决定和调控的作用。因此,心智技能必须受到重视。在分析以往的录像训练带时,模特基本上是在无具体的服饰、无真实的表演情境中,去执行服装表演技能操作模式所规定的动作,去模仿范例所呈现的动作表象(图 3-3-3)。即

图 3-3-3

使教师在模拟录像训练之前,指明了表现哪一类服装,模特仍然不能很具体地表现此类服装的功能,不能及时呈现大赛或演出中选择表演方式变化的真实的、典型的、具体的图景。因此,模特在这种模拟条件下,即使通过反复练习,可以基本掌握服装表演技能操作的执行动作,也不可能观察到自己的表演行为所可能获得的真实结果。因为在真实的大赛或表演中,服装、音乐、灯光、场景都非常具体,模特可以随时调整自己的表演行为、表演状态,以获得评委或观众的认可。所以,当模特由模拟表演情境进入真实的大赛或表演情境时,原先简单的无条件情境,一下子变成了复杂的有条件情境,模特则难以应对,原以为已经掌握的服装表演技能,实际上在头脑中是孤立的部分存在,没有形成服装表演技能操作的心理结构,表演技能动作组织处在无序状态,无法实现有效的迁移,自然会发生误操作。

另外,原先在录像模拟训练的情境中,服装模特不面对真实的评委和观众,其注意力往往集中于自己的动作过程上。在录像模拟训练的情境中,条件简单,心理负担小,较少出现心理焦虑,即使出现心理焦虑,也由于指导教师和同伴的参与而迅速缓解,因此没有自我消除心理焦虑的训练与准备。当进入真实的大赛和表演情境中(图3-3-4),对他们因为要保证自己比赛和演出的有效性而关注评委和观众的活动,其心理负荷迅速增加。当出现表演失误时,自然会产生心理焦虑。心理焦虑的产生,自然会影响其动作的执行。反过来,表演动作的失误,又进一步加重了心理焦虑。于是恶性循环,导致

图 3-3-4　模特大赛评委席

大赛或表演中的失误越来越多,严重影响了比赛或表演效果。因此,应用现代化教学手段对模特进行训练时,心智技能的训练就显得尤为重要。

二、服装模特表演技能学习过程中的主要心理特点

服装表演技能训练的实质是:在表演技能操作水平形成后,分析优秀模特参加大赛及表演的经验并"内化"为自己的经验。这一"内化"的过程,即为心智技能的训练。但必须指出的是,由于经济的发展,激活了服装、服装表演及其各种各样的模特大赛。所有的模特在接受服装表演技能培训之前,通过长期的不自觉的观察,他们头脑中已积累了大量的服装模特表演行为的具体的动作表象,形成了有关服装表演技能行为操作的自发经验。当他们开始意识到自己将成为模特的时候,这些贮存在头脑中的记忆表象和自发经验,会在不同程度上被激活、被调动起来,并最先成为他们掌握相应服装表演技能的外显形式——动作技能的可靠范例和直接依据(图 3-3-5)。即使这些表象是不完整的、零碎的,也至少是一幅幅具有具体动作形象的、可供参照的"图片"。而人们认知任何一种具体的技术行为,都会从感知它的外在形式——动作开始。这样就自然产生了一个常常被我们忽视,却又非常重要的事实:模特在接受我们专门设定的服装表演技能训练之前,已经在一定程度上获得了对这些技能的外显的操作动作的认识。著名

图 3-3-5

的心理学家加涅在分析运动技能学习的条件时,就曾经指出:"在学习者观察一个技术熟练的示范者的动作时,他们能够获得'运动计划'或构成执行路线的动作顺序的步骤。非常有趣的是,学习者在观看运动动作的示范之后,通过心理的练习,他们可能会完成大量的运动技能的学习。"根据这一理论,我们可以得出这样一个结论:模特在接受专门设定的服装表演技能训练之前,他们不仅获得了相当的关于模特表演行为外显形式的各种表象,而且有可能通过"心理的练习"来掌握这些行为的外显形式,形成有关表演技能操作的自发经验。由于服装模特原先获得的各种表演行为的操作表象不一定都是正确的,而那些不正确的表演行为方式又很可能通过"心理的练习"被复制、被掌握,因此,当我们训练其掌握正确的表演技能操作规范时,那些已经被认知,或通过"心理的练习"而学会的表演行为,就会对新的表演技能操作规范的学习产生干扰。由此,我们找到了服装模特在掌握和运用表演技能时出现误操作的一个原因,即其原有的不正确的表演行为的记忆表象和依据这些记忆表象而复制出的错误的表演动作经验,干扰了其对表演技能操作规范的正确掌握。

此外,我们还要指明的是,在模特进入专门设定的服装表演技能训练过程之后,其获得表演经验的认知方式也是多样的,这也必然会对服装模特表演技能的掌握和运用产生直接的影响(图 3-3-6)。

图 3-3-6

我们在培训服装模特表演技能的过程中,首先要完成教师经验的内化过程,即引导服装模特进行表演技能的学习与研究,以获得有关表演技能的概念,掌握表演技能的特点,了解基本表演技能的操作程序和操作规范;还要为他们提供相应的表演技能运用的范例,以加强他们对具体技能的理解,为其模仿提供样板。在这一内化过程中,模特对教师经验的掌握,实际是以不同的认知方式完成的,在其头脑中会形成三种不同的心理表征形式。其一,以定义的方式来表征教师的经验。即通过从例证中抽取有关表演特征及其规则,建立一组定义特征,以实现对表演技能概念的掌握。其二,以图式、原型的形式来表征教师经验,形成服装表演技能

图 3-3-7

的图式概念。用图式或原型表征表演技能概念,并不是给定明确的有关表演技能的定义特征,而是呈现某类服装表演行为的集中趋势,通过抽取和贮存一类表演行为的集中趋势来构造图式和原型。其三,以具体的例证来表征教师经验。即通过已经学会的具体例证来表现某类服装,去复制服装表演技能的操作行为。

在实际的服装表演技能学习中,服装模特同时具有的这三种认知方式,既为我们服装表演技能的训练创造了条件,又隐藏着必然的矛盾,这种矛盾会在服装模特具体的表演实践中表露出来(图 3-3-7)。

由于模特的表演行为是具体而又复杂的,其表演行为中所含有的各种风格特征很难明确界定,因此,不可能要求服装模特从大量的具体表演行为中,直接抽取各种服装风格的具体造型特征;而只能由教师根据各种服装风格大概给出一些动态特征与造型特征,模特则接受它们,记忆它们(图 3-3-8)。虽然我们为帮助模特掌握表演技能提供了一些典型的范例,但这类范例都是教师为说明表演技能的特征及其典型的操作程序,而精心选择和加工过的。它虽然可以体现某一服装风格的典型特征,却没有具体表演时服装的背景特征。服装模特虽然可以在训练阶段理解它们、记忆它们,在真实的表演情境中却难以准确地运用它们。这是因为在真实具体的表演情境中,表演技能的运用

图 3-3-8

形式是复杂多样的,任何一个设计师的服装都不可能像模特训练时那样,呈现出某一种孤立的风格。其典型特征常常与其他风格特征混杂在一起,所以,在实际的服装表演情境中,贮存在服装模特头脑中的表演技能的定义特征,常常无法发挥作用。他们只好求助于表演技能训练时在头脑中建立起来的图式、原型与面临的具体服装表演情境中所出现的某些类似风格,去识别、去复制表演技能的操作行为。

认识了服装模特掌握表演技能过程中的这一认知特点,就可以解释在运用现代化教学手段进行表演技能训练时发现的两个问题:为什么服装模特对单一风格表演技能的掌握和运用,会明显优于多风格表演技能的组合运用? 为什么在无条件或简单条件情境中表演技能操作的正确性会明显优于有条件或复杂条件情境中表演技能操作的正确性?

由此,我们不仅找到了服装模特掌握表演技能中存在问题的心理原因,而且还发现了目前表演技能训练模式本身存在的问题。要实现科学有效地培养服装模特表演技能的目标,就要建立有利于模特形成稳定表演技能操作的心理结构和表演技能的心理训练模式。

三、服装表演技能心理训练模式的基本特点

建立服装表演技能培训的心理训练模式,其目的是为了实现科学有效地培养服装模特表演技能的目标,改变以往重行为训练、轻智能训练的倾向,建立适应服装模特心理发展规律的表演技能培养模式。而要建立服装表演技能的心理训练模式,就要首先探索服装表演技能的本质、结构及服装表演技能形成的基本规律,以保证科学地制定培训的目标、内容、程序和方法。

图 3-3-9

　　服装表演技能是控制服装模特表演行为的定型化了的个体经验,是稳定的动作——方法结构的操作系统。它包括定向、模仿、整合和熟练四个子系统(图 3-3-9),是以服装表演操作知识为基础的心智技能和动作技能的统一过程。需要进一步说明的是:其一,获得服装表演技能操作的知识是形成服装表演技能的必要基础,但这些表演知识只有通过具体操作训练过程,转化为定型化的操作行为,才能形成服装表演技能。其二,服装表演行为不是表演技能本身,它只是服装表演技能可观察到的外显的动作执行部分。行为训练有助于形成表演技能,可以帮助服装模特掌握表演技能的执行动作和执行程序,可以帮助服装模特获得表演技能的部分操作经验,但单纯的行为训练不可能取代全部的表演技能训练。服装表演技能训练的完善,归根到底取决于表演技能实践中的心智技能操作训练。其三,服装表演技能中的心智技能贯穿于服装表演技能操作的全过程。但在服装表演技能的四个子系统中,执行系统直接表现为外显的可观察到的操作行为,而定向、整合和熟练系统则主要是内隐的心智操作活动。另外,定向、整合和熟练又是构成服装表演决策的三个基本因素,也是服装表演决策过程的三个主要阶段。因此,也可以从这个角度将服装表演技能划分为执行系统和决策系统两个部分。决策是执行的内在条件,执行是决策的外显结果。

　　如果从服装模特掌握表演技能的过程特点看,表演技能的形成有其阶段性。在表演技能学习的初始阶段,模特对表演行为的认知往往始于可直接感知到的外部动作特征,主要是通过对表演行为的外部特征的模仿练习来获得表演行为的执行动作的操作体验。服装表演技能的执行动作掌握可以是逐一训练、积累完成的。但这种学习的训练方式脱离了具体的表演情境,是孤立的认知、单一表演行为的训练方式,模特在掌握这些表演动作行为时,一般不注意这些表演行为对存在条件的依赖;而在实际执行这些动作行为时,现实的表演情境使得他们不得不根据服装的功能、设计师的意图,做出某些原则性的选择。特别是当他们在现实的表演情境中运用表演技能出现与其预想不一致的情况时,自然会对表演动作执行的内在因素发生兴趣。此外,表演技能的组合运用,也必然要求心智操作的参与。因此,当对表演技能的外显动作初步掌握之后,心智操作则成为模特认知的主要对象。

依据对服装表演技能及其学习特点的上述认识,我们认为表演技能的训练应兼顾操作技能和心智技能两个方面,同时又以心智技能训练为重心,建立包括表演过程的设计、表演动作的实施和评价的全过程表演技能训练体系(图3-3-10、图3-3-11)。

图 3-3-10

建立表演技能的心理训练模式,应注意以下问题:

(1)研究并外化范例(超级模特)的操作经验。以往服装表演训练模式对范例经验的研究,往往停留在其操作行为的外在表现形式上,一般不涉及其行为的内在心理过程。而心理训练模式的研究则不同,它不仅要描述超级模特各种表演行为外显的操作动作特征,而且要重现其心理动作的程序和要点,建立控制其操作行为执行的心理动作模式。例如,

图 3-3-11

观看日本著名时装大师君岛一郎先生在中国纺织大学的作品展示表演资料，一组"俄罗斯曳地大袍"的表演，模特表演时用了连续旋转和侧身半蹲的动作。模特研究学习这一动态，不仅要描述其外显的轻巧优美的两圈旋转、上身顺势轻轻侧倒、膝部缓缓半蹲、大裙摆徐徐落地等表演的行为特征，而且，还要说明在这一表演情境中如何引入俄罗斯民间舞的旋转和侧身半蹲，为什么选择这样的表演方式，以及在选择这些表演方式时的程序是怎样的，选择这些表演方式的依据是什么。要完成这一系列研究，模特不仅要记录并分解范例（优秀模特）的表演行为，而且要准确报告范例选择、执行的表演行为及突出服装风格、体现服装款式特点的心理动作程序，以完成范例经验的外化。

（2）针对以往服装表演技能模拟训练中模拟情境过于简单的缺陷，创造心理操作的模拟条件。而创造心理操作的模拟条件，主要是呈现有观众观看的表演图景，引导模特建立表演行为的心理诊断模式。同时，改变模特在服装表演训练时的随意性，规定服装风格的表演方式，以加强模特表演心理的训练，提高训练难度，以克服模拟训练可能产生的心理焦虑。

（3）服装表演技能的心理操作模拟训练的重点是实现范例决策（超模在现实表演情境中运用表演技能的随机决策）过程的内化。服装模特在实际运用表演技能表演时出现误操作，除了对表演的真实情境缺乏正确认识外，还由于其对表演行为的掌握是孤立的，未建立表演技能操作的完整的心理结构，不能根据表演情境、服装风格、服装功能及设计师创作意图做出适当的预决策；更不善于利于观众的反馈信息做出随机决策，以校正其表演行为的执行动作。因此，在服装表演技能训练中，除了要训练服装模特掌握一个个表演行为的执行动作，呈现由相应表演行为引起的观众行为的变化外，还要进一步指明超模相应的决策过程和决策依据。要通过教师的讲授和示范，使模特获得相应的决策过程和决策依据的知识。通过创设表演情境，模拟表演决

策,比照范例的服装风格、服装功能来说明范例决策等一系列方式来完成范例经验的
内化(图 3-3-12、图 3-3-13)。

图 3-3-12

图 3-3-13

（4）建立完整的表演行为训练过程，重视表演行为操作的整合。服装表演行为的训练，要经历一个由定向、模仿到整合、熟练的过程。定向是使模特对服装表演技能的操作行为形成一个基本的动作印象，了解"做什么"与"怎么做"，以获得表演技能的操作知识。模仿是掌握表演技能操作的开端，模特通过模仿，才能使调节表演方式的动作印象得到检验、巩固、校正与进一步充实。在服装表演技能的训练中，我们特别强调要重视操作的整合。因为，服装表演操作的整合是把构成服装表演各要素依其内在联系联结成为整体。强调表演技能的整合，可以克服运用现代化教学手段训练时所带来的孤立掌握单个表演行为的缺陷，使模特的整个表演活动趋于协调。

我们提出建立服装表演技能培训的心理训练模式，其目的是为了实现科学有效地培养服装模特表演技能的目标，改变以往重表演技能的行为训练、轻表演技能的智能训练，从而建立适应优秀模特心理发展规律的服装表演技能培养模式。

第四章　服装模特表演与舞蹈艺术的关联

第一节　服装模特表演的舞蹈性

从 20 世纪 30 年代到 50 年代,服装模特的表演都是在特定的场所,以特殊的步伐和节奏在舞台上来回走动,并做各种动作和造型来展示服装的,这种传统的舞台形式随着服装文化的逐步变化和发展,呈现出各类不同的风格,舞台表演的形式也不断创新,对服装模特的要求也越来越高。因此,开发模特的肢体语言,也越来越引起大家的重视,各种培养方式层出不穷,但其中因与服装模特表演相似度最高的舞蹈形式

图 4-1-1　群舞

的表演一直被大家认可：它们都是以人的身体为载体，通过身体韵律的变化，体现出
动作与服装的优美性、节奏性、功能性和艺术表现性。而且，舞蹈种类中的民族传统
等文化特点也常常被设计师用于服装表演中。① 随着服装文化的发展和人们审美意
识的不断增强，观众开始渴望更完美的视觉效果，于是模特表演的舞蹈性逐步融入服
装表演中（图 4-1-1）。通过舞蹈训练的模特，身体综合素质和对音乐的理解与感受能力
会有所提高，模特用舞蹈富有节奏感和韵律性的动作、柔美的姿态、适时的造型来提高
自身的肢体反应能力和表演展示的二度创造能力（图 4-1-2），更好地为观众找到整场服
装表演的核心思想，让观众在赏心悦目的同时得到审美的共鸣，达到艺术与人心灵的
契合。

图 4-1-2　有舞蹈动作的服装表演

一、服装模特表演的舞蹈美

　　舞蹈是人们思想感情的一种表达，人们通过跳跃、翻转等动作来表现人物感情、塑
造人物性格。或者是柔软的，或者是刚强的，通过人体的控制反映生活，表达思想，舞蹈
应该是形式和内容完美结合的艺术载体，舞蹈的形式和内容的完整契合构成了舞蹈的
艺术品格。② （图 4-1-3）

　　服装表演中的舞蹈与我们日常所说的舞蹈是有区别的，舞蹈本身是一种自由表达

---

① 徐幸芝.舞蹈形式在当今服装表演中的运用[J].大众文艺,2014,(16):265-266.
② 林琳.服装表演中服装美与舞蹈美的融合研究[J].山东纺织经济,2012,(6):72-73.

图 4-1-3　独舞表演,有震撼力的跳跃等技巧

情感的形式,但是服装表演中的舞蹈是限制条件下的舞蹈表达,服装表演中的舞蹈必须是在特定服装下的舞蹈,而不是根据舞蹈内容去设计服装,所以舞蹈反而成为服装的一种展示形式。但是,即使是这种受限制的舞蹈,也具有很多美感元素的,比如舞蹈的细节姿势美、节奏美以及韵律美等。

在服装表演中,最突出的应该是舞蹈的节奏美和韵律美。这种不以舞蹈为主体的舞蹈形式是舞蹈艺术家所不提倡的,舞蹈应该是一种独立的艺术形式,在这种限制条件下,服装表演中的舞蹈仍然能够通过其节奏和韵律以及独特的姿态传达表演主体的思想感情。舞蹈的节奏美是服装表演中表演主体伴随音乐,根据自己的感悟所形成的独特的节奏形式,是由点及线、由线及面、由面及体的节奏,从这个层面理解,又牵涉服装表演中舞蹈的韵律美,这种韵律美表现在表演过程中的情感的连贯性,是与表演中舞蹈的节奏相辅相成、呼应共存的。而表演过程中的一些独特细节姿势,更是服装表演所不可或缺的,往往可以起到画龙点睛的作用。

二、服装美与舞蹈美的融合

在服装表演过程中,应该合理地将服装美与舞蹈美进行融合。舞蹈应该引导观众视线,在表演过程中,舞蹈姿势能将观众的注意力和散碎的视线集中在某一个需要特别展示的部位,使观众的视线随着表演主体的舞蹈姿势而上下移动。如要展示一件有独特配饰的服装,表演模特通过独特的舞蹈动作吸引观众的视线,并且引导观众的视线到特制配饰,将服饰配件和需展示服装中现代的裁剪结构和谐地贯穿起来,使要展示的服装与配饰形成一个统一的整体,构成一幅独具魅力的优美画面。

图 4-1-4　**环保服装秀**

　　服装表演中舞蹈应该反映服装创意，如果服装表达的是环保主题（图 4-1-4），表演中的舞蹈就要表达现代人对环保崇尚的思想感情；如果服装表达的是末日主题，表演中的舞蹈就要体现一种恐惧和不安的感觉。舞蹈还要反映服装的材质，对棉质面料要舞动出休闲的感觉，对麻质面料要展示出质朴感，对丝绸面料则要表达出一种柔软感等。舞蹈还要与服装的色彩相融合，红色的服装可以展示得尽量热烈，蓝色的服装则可以根据作者的设计理念表现出自然或者宁静的感觉。

　　服装表演中的服装美和舞蹈美的结合还不仅在于这些层面的因素。一个成功的服装表演应该是模特与服装美和舞蹈美的高度统一。服装模特不能为了彰显服装美而去刻意夸张舞蹈，也不能为了强调舞蹈美而忽略对服装的表现。从这个层面讲，服装美要通过舞蹈美来展现，而舞蹈美又要通过服装美来衬托，这就需要服装模特能够深刻地认识表演服装的自身美学特质，也需要服装模特具备比较扎实的舞蹈基础，要通过表演过程中的一颦一笑等独特的舞蹈姿势展示舞蹈美，与此同时，恰当地将服装美的细节展示给观众。

　　舞蹈美与服装美二者的高度统一才是服装表演的最高境界。要实现高度的舞蹈美，还要注意灯光和音乐的和谐，而灯光和音乐的衬托也是表现服装美的手段（图 4-1-5）。因此，舞蹈美和服装美是服装表演的两个因素，而不应该单纯地把舞蹈作为服装表演的一种手段。服装模特应该在表演过程中充分注意服装表演的舞蹈美和服装美的高度融合，这样才能声情并茂地与观众形成互动。

图 4-1-5　空的舞台,电脑灯光照射的图片

三、舞蹈性对服装模特表演的推动

在模特的培养过程中,舞蹈对模特的形体起到了非常积极的作用,用舞蹈的训练模式指导模特,能够有效地改善和提高模特的身体平衡力、灵活性及动作反应力。

首先,通过借鉴舞蹈基本训练的方法使模特形成较好的身体素质,在教学过程中,要求模特上身挺拔,头要立,肩要沉,胸要挺,腰要紧,腹要收,臀要上提,膝要伸直,腿要收紧。整个体态要保存舒展、优雅(图 4-1-6)。以上的基本训练都可以借鉴芭蕾舞训练

图 4-1-6　舞蹈训练

中具有科学性、系统性和规范性的教学手段和教学方法来有针对性地进行。模特本身对大腿、臀部和腰部的肌肉要求非常严格,针对这些部位的训练在舞蹈基本训练中都能找出各自有针对性的训练方式,如对腰部肌肉的训练,可以采取下胸腰、下旁腰、做腹背肌的训练来有效地起到收紧腰部肌肉的作用。[①] (图 4-1-7)臀部的肌肉训练可针对性地采取踢后腿和旁腿以及用杆上的扑立页动作进行缩减臀部脂肪训练(图 4-1-8、图 4-1-9)。通过持续不断的训练来消耗身体中大量的能量,达到减少模特身体多余脂肪、保持身材、造就完美模特体态的效果,为模特表演、服装展示奠定良好的基础。

图 4-1-7 舞蹈训练把上下腰训练图片

图 4-1-8 把杆踢腿训练图片

---

① 石月.舞蹈对模特形体和表演的重要性研究[J].辽宁高职学报,2010,12(4):75—77.

图 4-1-9　**蹲**

其次,模特在表演中需要对展示音乐有良好的认知,从而提高自身的表现力,这样才能完美地进行商品展示。而舞蹈训练恰恰都伴随着节奏,让模特感受着身体和动律的协调,训练着模特的表现力,其舞蹈性的训练潜移默化地推动着模特的表演能力。

四、服装模特表演中舞蹈性的意义

在模特表演中能否熟练地掌握与不同服饰对应的风格化,是检验服装模特专业水平和文化素质的标准。我国各民族的舞蹈和各个历史阶段的不同舞蹈风格,都浓缩着各民族和历史的不同文化,这些对具有不同风格化的服装表演起到了参照的作用。模特通过学习和欣赏不同民族风格的舞蹈作品,能较好地加强其表演能力的风格化。

同时,舞蹈情绪的表达是一种情感美的具体展现。情绪的演绎对不同商品的展示同样具有重要的影响。例如,表演拉丁舞可以充分表达热烈奔放的情绪,热情洋溢的音乐、奔放明快的节奏,可以淋漓尽致地展示舞蹈者优美的线条,可谓气氛迷人(图 4-1-10),而模特在展示具有拉丁风情的服饰时,完全可以采用舞蹈化的表达方式来展示服装美。诸如此类,用华贵典雅的摩登舞感觉展示华丽多姿、庄重典雅的礼服系列等(图 4-1-11),都可以通过舞蹈训练,使模特在表演中流露出符合情境的情感美,达到更高层次的服饰展示效果。

图 4-1-10　拉丁舞表演图片

图 4-1-11　礼服表演

第二节　体育舞蹈与服装模特表演的互动

　　国际体育舞蹈也称国际标准交谊舞蹈,是一项集体育、音乐、舞蹈于一体的新型体育运动项目。服装表演是一种集服装、音乐、舞蹈为一体的综合艺术活动。两者之间有着许多共通之处。因此,研究和剖析国际体育舞蹈(下称体育舞蹈)在服装表演训练中对提高模特表演技能、培养优秀模特所起的作用是十分有益的。

一、运用体育舞蹈中领舞与跟舞意识提高服装模特的协作精神

　　在体育舞蹈的摩登舞中男子始终居于主导地位,这是由体育舞蹈的形式及人体运动力学的规律所决定的(图 4-2-1)。

　　对男子来说,领舞既是一种基本要求,也是一种技术能力。对女子来说,应该积极跟从,不可主动去引导或改变舞步,也不能凭自己的主观臆断去猜测男子舞步的发展趋势,更不能企图去纠正男子舞步和舞程。从这个意义上来讲,最好的女伴"是能跟着男士一起犯同样的舞步错误的女士"。所以,跟舞的要诀就在于"主动地服从"①。从细微的感觉上讲,女伴应在节奏允许的前提下,始终处于一种稍慢于男子,被引导的"待机运动"状态。

图 4-2-1　体育舞蹈摩登舞表演图片

　　而在一场大型服装表演中,模特众多,每一款系列中常常也有一位处于主导地位的模特(图 4-2-2),好的主导模特会在服装表演的路线结构选择、造型方位变化、服装风格展现等方面给同伴以明确的暗示和引导,这也是一场大型服装表演中一个系列的模特默契配合的先决条件,假如处于主导地位的模特仅有出众的外部条件及表演技能,在表演中以一种没有主见、迟疑观望,或仅仅关注自己表演而不与同伴交流的状态出现,必然会在服装表演的展示过程中产生一系列不良后果。

　　对于大多数模特来说,服装表演的技能除了台上的动态展示以外,还应包括对同

---

① 习寿华. 体育舞蹈运动技术理论探讨[J]. 成都体育学院学报,2001,27(4):79—81,91.

图 4-2-2　双人组合

伴的暗示和引导敏捷地做出恰当而准确的反应，并顺其自然而轻松地配合。无论是步伐、运动展示路线，还是旋转等，都应积极主动地协调配合，在个性表演的基础上保持共性。

　　针对现在频繁出现多人的大型服装表演，我们调整了服装模特的训练计划，以体育舞蹈这一运动形式来解决模特之间的信息传递问题。在体育舞蹈中领舞与跟舞的最高技巧是身体的整体运用，这是体育舞蹈总体形象的根本因素。看起来，领舞技巧只是单个的事情，实际上并不是这样，一个对领舞技巧一无所知的舞伴，是无法实现理想配合的。对这种舞伴，领舞者不得不降低自己的领舞技巧水准，否则将无法共舞，因此服装模特之间的信息传递必然是双方甚至是多方的事情，训练或排练时，所有的模特必须掌握一系列固定的基本造型、步伐、旋转等表演技能，在表演时群体模特与主导模特的身体运动形成整体同步效应。群体模特与主导模特还必须熟悉彼此表演时的队形变化及队形变化中各自的网络式信息传递方法。这种主导与配合的意识，实际上是一种高级神经活动，应当有意识地加以锻炼和培养，在大型服装表演系列展示中如果模特配合得好，让人看起来细腻而和谐，能获得一种美的享受。

二、运用体育舞蹈中自我平衡技术、重心移动技术提高服装模特的动作机能

　　优秀的服装模特都明白，无论是台上表演或镜前表演，多人组合造型的默契配合除了空间的差异外，每人的自我平衡是一个重要保证。也就是说，像体育舞蹈一样，不论男女舞伴都必须在保持良好的自我重心稳定而平衡的前提下舞蹈。双方在做任何动作

时,如果女伴错误地将"男子主导"理解为依靠男伴跳舞,出现把男伴当成"拐杖"扶着跳舞的现象,这种女伴对男士来说是一个包袱。所以不论在做什么造型动作时,每个模特都必须保持重心稳定的相对独立性,任何依赖他人来维持自我重心稳定的造型动作都将是错误的。在训练中要让模特明白,只有在一些诸如倾斜、升降、重心移动等造型动作中存在一些作用力与反作用力,而重心稳定与平衡造型时是不应有相互依赖现象的。所以我们应借鉴体育舞蹈训练中的单人练习法,克服这种错误习惯。

在进行多人组合造型时,每个模特先单纯练习,确保自己重心稳定,自我平衡良好后,再进行群体练习,这样的群体造型变化由于模特单个动作机能得到提高,重心稳定,往往合练一次即能成功,训练效率很高。因此,自我平衡技术动作可以较快地提高模特造型时的动作机能。

而在我们服装表演的步伐练习中,又涉及重心移动的技术。众所周知,一个好的模特的台步是阔步扭胯的同时,尽量会保持后背的挺拔直立,这就要求模特在走步时,尽量缩短双脚同时承担重心的时间,只有这样才能避免重心交替时痕迹的泄露,保持上身的平稳直立。在华尔兹、探戈等体育舞蹈中(图 4-2-3、图 4-2-4),都强调恪守"一步到位"和"不露痕迹"的原则,所以我们常常要求模特多练习华尔兹等体育舞蹈,运用舞蹈中的"滚动脚"练习即人体重心在脚底部位有程序的移动,由脚跟滚动到脚尖或由脚尖滚动至脚跟,也可能是由脚尖滚动至全脚掌再由全脚掌滚动到前脚掌,无论如何滚动都必须是流畅而平衡的,不能出现颠簸和间断感。这种滚动不单是

图 4-2-3　华尔兹舞蹈表演

脚上的动作,它同时必须在膝关节的配合下才能完成,只有这样才能形成一种平衡的流动,却看不到重心交替的痕迹。这样的练习促使模特保持腰胯的稳定,形成以腰胯为中心的整体重心焦点,它使模特将重心这个感觉升至胸部,从而形成模特走台时脚底重心集中点和胸部重心的"同步调整"的综合效应,提高模特的服装表演技能。

图 4-2-4　探戈舞蹈表演图片

三、运用体育舞蹈中的气质表现提高模特审美意识形态

　　"气质"一词是一个比较抽象的概念,实际上它指的是一个人文化素养的综合体现,其中包括文学、艺术、音乐、美学及阅历等各方面的综合素养。服装模特经常练习体育舞蹈,可以使体态更加挺拔,而气质的外在表现就是挺拔的体态。挺拔的体态,标志着健康、教养、礼貌、自尊和自信,而体育舞蹈中的很多动作是由宫廷生活和礼仪习俗加工改造的,所以非常强调要具有高雅的气质。因此,在接受体育舞蹈训练时,第一,要求模

图 4-2-5　模特体态修长

特做每一个动作时必须在一种自然而松弛的状态下去完成。第二,要求模特自始至终保持头顶天花板的感觉,好像一种向上的牵引力将支撑重心的每一个关节向上拉开,舒展而挺拔(图 4-2-5)。第三,要求模特将胸椎的自然弯曲度缩小到最低状态,经过一段时期的体育舞蹈训练,模特的体态都会变得较以往更挺拔,气质表现有很大提高。而且,体育舞蹈是需要借助形象思维来达到艺术人格化的目的。它是在对音乐的感知中产生想象图景和画面,通过肢体的运动使音乐的内涵和舞蹈风格得到再现,这一过程有时并不是简单复述。模特还能以自身的生活体验去丰富重塑艺术形象。例如,在展示晚装的过程中,由于接受过体育舞蹈的训练,模特很清楚着晚装所表现出的高雅气质与体育舞蹈训练中的要求是一致的,也就是在平稳的行进中保持挺拔而舒展的体态(图 4-2-6)。因此,模特们知道美的体态在服装展示中的重要性,审美意识会有很大提高。同时,体育舞蹈的学习过程一直要求全身心地投入,模特们在训练中学会了使注意力稳定在去辨别音乐的节奏、领悟音乐的意境上,那么在 T 型台上,模特们就会提高调动大脑对音乐的记忆和视觉的提前等能力,表演时,既能群体之间协调配合,又能反应准确敏捷,整个表演过程始终体现了大脑对各种能力的支配和对肢体进行精细的调节。这正是我们要求一名优秀模特所必具的能力。

图 4-2-6　大礼服表演图

四、体育舞蹈与模特的素质

体育舞蹈可潜移默化地影响模特的道德情操:体育舞蹈显映着各种民族独具的内心世界和对外部世界独特的把握方式,其健康向上的精神能使模特产生情感共鸣,内心世界得以升华,通过体育舞蹈训练的模特会变得举止文明大方,树立了良好的礼仪风范。

　　体育舞蹈能激发模特的高级情感：音乐的熏陶，舞蹈形象的塑造，调动了模特训练的热情和激情，这不仅扩大了模特们的视野，丰富了感情世界，同时又能在美感的作用下，使模特的情感趋于高尚，这些向上的情绪与精神状态正是一种推动力量，促使模特们奋发向上。

　　体育舞蹈可增强模特的体质：健康的体质是模特的重要素质。由于体育舞蹈有一定的运动量，可以增强模特的心血管系统功能，同时优美的音乐还能帮助模特稳定情绪，改善神经系统的调节机制，达到医疗保健的效果。

　　综上所述，对服装模特进行体育舞蹈的训练可以提高服装模特表演技能及素质，尽管它不能直接教会模特如何去展示服装，如何去体现设计师风格，却能拓展他们的文化背景，丰富其想象力，提高其审美感，是训练符合新世纪模特要求的一种有效手段。

第三节　服装模特舞蹈学习应注意的问题

一、模特舞蹈学习中应遵循的原则

1. 动作性原则开发模特肢体潜能

　　舞蹈的本体是动作，它构成了舞蹈的基础。舞蹈动作由动作部位与其所运动线路构成，从是否运动与动作构成部位的角度，可以将动作分为单一动作与复合动作、静止动作与运动动作。单一动作即由单一动作部位完成的动作；复合动作即由多个动作部

图 4-3-1　现代舞，躯体有张力

位完成的动作;静止动作也称为造型、亮相,是各个动作部位在一个时间点(瞬间)的配合;运动动作是各运动部位在一个时间段各自走自己的运动线路所形成的动作集合(图 4-3-1)。

服装模特平时的舞蹈学习中接触较多的舞蹈动作多为混合型动作。单一的静止动作——动作在一个时间点由身体的某一部位完成;单一的运动动作——在一个时间段由身体的某一部位完成的动作;复合的静止动作——由完成动作的多个身体部位在一个时间点内同时完成;复合的运动动作——多个动作组成部位在一个较长时间段内,各自按不同的节奏、运动线所形成的动作集合。复合静止、运动动作的共同点在于完成动作的部位是多元的,区别在于前者完成时间短,强调结果;后者完成时间长,强调过程。

因为舞蹈的动作性原则,模特在舞蹈学习的过程中,注意以动作为中心,认真观察、模仿、记忆及练习动作。舞蹈中的模特,结合节奏控制动作,由动作部位的快与慢、强与弱以及动作幅度的大小来挖掘肢体的潜能,塑造形象、表达情感,通过动作节奏各特征之间的融合、渗透、排列、组合来体现动作的情感表达,因而对肢体提出了更高的要求。

2. 韵律性原则提升模特表演风格

舞蹈的核心是运动的人体。动作是一个广义的概念,它以富于韵律来体现舞蹈。动作的韵律是指按一定节奏、运动路线形成的特有的韵味和节律。它体现在有规律地表现动作力量的强弱、幅度的大小与速度的快慢方面。同样的动作部位或者同样的动作,有韵律即为舞蹈动作,反之为生活动作。如"走":生活中的走,左右脚重心的移动,动作以满足生活需求为目的,没有审美和表意功能与需求;舞蹈中的"走"的元素多不胜数,古典舞中的花帮步、圆场步,东北秧歌中的前后踢步、走场步,维吾尔族的垫步、颤步等,由于舞种不同、风格不一,真可谓形态千姿百态,韵律色彩纷呈(图 4-3-2)。

同时,韵律也是区分不同舞蹈风格的重要指标。以不同的韵律可以将其区分,例如模特在学习摆胯动作时,傣族舞蹈的基本动律、行进步伐、摆胯过程强调的是慢蹲快起的节奏,骨盆下沉时动作幅度大、力量强,骨

图 4-3-2 民族舞图片

盆往上向前时,动作幅度小、力量小,轻轻上挑即成,整个动作过程讲究的是恬静、安详、沉稳及雕塑般的美感;而在阿拉伯舞蹈中,肚皮舞中的摆胯是一个体现中东舞蹈风情、给观众留下深刻印象的典型动作。它与傣舞的摆胯相比,快动如飞,常常是几十个、上百个单一动作连着,每个单一动作幅度小、速度快、力量较平均,动作过程讲求的是无控制般的松弛;同是胯的动作,模特在舞蹈韵律中的体会是不同的,风格的感受也是明显的,而在服装表演中,服装本身便是风格的体现。动作与服装风格和韵律通常是叠合的。如轻快随意的动作风格适合休闲装;深沉内敛端庄的动作风格适合晚礼服;冷漠而强力度的夸张动作风格适合"酷"的服装……可见,动作的韵律性在服装表演中至关重要,舞蹈的韵律与风格练习,是提高服装模特表演时表现力的有效途径,是模特表演风格的突破点。

3. 表情性原则呈现模特个性特征

任何艺术都具备表达情感的特征:音乐用旋律、节奏等表达喜怒哀乐;美术用点、线、面、色彩等表达爱憎分明;舞蹈则用动作的力量、幅度、速度等表达情感,这是舞蹈的重要属性——表情性。

表情性是韵律性的延伸。如果说韵律是有规律地表现动作力量的强弱、幅度的大小与速度的快慢的话,那么表情就是动作在韵律的基础上自由起伏和变化,即"个性化表达"。如芭蕾手臂的伸臂动作,情感的差异会导致对出臂的不同处理。表达浓浓的深情时,出臂动作的速度较慢,幅度较大,力量上讲求内在的韧劲;而在表达炙热的激情时,出臂的速度变快,幅度大,力量大且讲求爆发力。

服装表演需要个性,虽然在表演时是通过模特的表演展示服装,而不是模特本人,但与众不同的表现、个性化的表演会给服装增色不少。

有表情地处理动作(或将动作有表情地传达)是个性的体现,与表演者的性格、风格等因素相关,它牵涉模特的专业水平、性格特征、审美好恶、学识修养、社会经历等诸多方面。对动作进行有表情的处理,即动作的表情性,是舞蹈的最高境界,对于模特而言,其舞蹈学习的最终目标和最高追求,是对舞蹈动作的表情化呈现。

二、服装模特舞蹈学习应注意的问题

"舞蹈是残酷的艺术",专业舞者尚且如此,对于零基础、大学才接触舞蹈的服装模特来说,舞蹈学习的过程就更显得艰难。

首先,从身体素质发展的黄金期看:通常6—8岁为平衡能力发展安全期,9—12岁为反应速度发展安全期,10—13岁为协调性发展安全期,7—13岁为灵敏度发展安全期,12岁以前为柔软度发展安全期,9—12岁、16—19岁为速度发展安全期,13—16岁为耐力发展安全期,而服装模特专业的学生大部分入学时为18岁,已经错过了身体素质训练的黄金阶段。

其次,从身体结构来看,体形过于修长不利于身体控制,而服装模特大多数身材过高,女模特一般在 170—180cm,男模特一般在 180—190cm,以至于身体控制力差,灵活性不够。

第三,由于舞蹈学习的动作性、韵律性、表情性及规律性等特征,对模特而言,是以动作记忆为主,不同于以往的认知性学习方法,因而在用整个身体来完成舞蹈学习任务的情况下,需要模特消耗较大体力,艰苦地接受舞蹈学习遇到的极大挑战。

因此,模特在舞蹈学习之初,就应当有一定的心理准备:舞蹈是难的,它需要不断刻苦练习,以实现动作的"动力定型"。舞蹈也是容易的,它是人类内心情感与思想最直接、最实质、最强烈、最尖锐、最单纯而又最充足的表现。因此,舞蹈学习对模特来说,还是快乐的。服装模特在科学训练、预防损伤的前提下,加上知难而上、轻松前行的信心及循序渐进的体验感受,就能学好舞蹈,提高身体表现力,为服装表演打下坚实的基础。

第五章　服装模特表演与高等教育

第一节　我国服装模特表演专业发展现状

一、我国高校服装表演专业的培养现状

　　服装表演专业,作为一门新兴专业在国内高等院校已有多年发展,在早期的专业设置中以专业方向的性质存在,依附于服装设计等不同的专业门类。1989 年,苏州大学(原苏州丝绸工学院)率先开设了服装表演专业(图 5-1-1),当时的名称为"服装设计与时装表演"(专科);1999 年起,改为本科。作为国内最高级别的服装表演专业方向教学机构,并凭借其扎实的专业知识和综合艺术素养,以及专业方向的准确定位,为国家输送了多批次规模庞大、人数众多从事与时尚创意产业相关的服装表演和服装设计的专业人才。在服装表演专业的产生阶段,由于我国大众不能很好地接受及了解时尚,使得服装表演专业教育依附于纺织类院校。紧随其后的,在我国众多综合性高校、纺织类高校中也都出现了服装表演专业。如北京服装学院、东华大学、大连工业大学、武汉纺织

图 5-1-1　苏州丝绸工学院(校门)

大学、天津工业大学、沈阳师范大学、东北电力大学等众多院校也相继开设了服装表演专业(图 5-1-2、图 5-1-3)。其中最具代表性的专业模式主要分为四大类,根据各类院校在办学定位、人才培养、课程设置等方面的不同优势、特色、差异,形成了较为鲜明的专业方向分类:以服装类院校性质开设的服装设计与表演的专业方向;以舞蹈类院校性质开设的模特专业方向;以艺术院校性质开设的服装表演专业方向以及以综合类大学性质开设的服装表演与市场营销专业等。

图 5-1-2　北京服装学院(校门)

图 5-1-3　东华大学(校门)

二、全国高等院校服装表演本科专业设置情况

2012 年,教育部颁布了《普通高等学校本科专业目录(2012 年)》,新增艺术学门类。在新增专业分类中,服装表演在专业目录中无任何专业门类归置,不属于目录中专业,仅以专业方向性质存在。这意味着服装表演这一专业方向即将退出历史舞台。但对于一个新兴专业来说,经过了长时间的发展与沉淀,在发展时期对各地方的社会、经济发展起到了积极作用。并且全国高校所开设的该专业形成了一定的规模,在招生数量、人才培养、毕业就业等方面确实达到了高等教育的育人要求,完成了新时代背景下社会需求的使命,专业定位与发展任重道远,因此专业的设置需要名正言顺,需要政策的大力支持。据不完全统计,截至 2014 年年底全国继续招收服装表演专业方向的高等本科院校共计 70 所;其中按照戏剧与影视学类表演专业设置的高校有 32 所;以设计学类服装与服饰设计设置的高校有 34 所;以音乐与舞蹈学类设置的高校有 4 所。从以上数据不难看出,目前所有高校将服装表演专业设置依附于其他专业存在,这样对专业的招生、学科发展与建设、人才培养质量、学生毕业与就业发展构成不利因素,目前急需完成新目录中服装表演专业的设置。[①]

三、高校服装表演专业人才培养模式

服装表演专业为适应现在社会对于人才的需求,呈现出细分化、多层次、多类型为

---

① 吕博.高等院校增置服装表演本科专业的可行性研究[J].高教学刊,2016,(3):205－206,208.

主的特征。高校服装表演专业教育在不断发展壮大,但整体水平和综合素质明显跟不上。提高学生的综合素质、文化水平、职业化能力,培养他们成为"能说、能演、能策划、能编辑、能设计、懂陈列、懂营销"的知识性多元化人才,促进本专业的多元化发展是人才培养的重要环节。

(一)培养目标

本专业是培养具有一定的马克思主义基本理论素养,熟悉我国的文艺方针、政策,系统地掌握时尚展示的基本理论知识、技能和方法,具有较高的文化修养和设计能力、较强的审美感觉和创造思维,可以熟练运用所学知识展示艺术和设计能力的德才兼备的复合型人才。

(二)主要课程

大学四年要修满 160—170 学分,学时 2600 左右。

1. 大学四年主要专业课程

"思想道德修养与法律基础""大学外语""中国近现代史纲要""马克思主义哲学""艺术概论""公共关系学""中外服装史""礼仪常识""时尚营销""中外文学""大学语文""时装模特展示方法""时装模特镜前表现""时装展示编导与策划""时装表演艺术赏析""时尚品静态展示""时尚展示概论""时尚趋势分析""语言表达""服装设计""个人形象设计""计算机辅助设计"等(图 5-1-4、图 5-1-5)。

图 5-1-4 《思想道德修养与法律基础》

图 5-1-5 《中国近现代史纲要》

图 5-1-6 《中外服装史》

2. 专业学位课程

"中外服装史""时装模特展示方法""时装模特镜前表现""时装展示编导与策划""时尚营销""时尚品静态展示""时尚趋势分析""服装设计与工艺基础""个人形象设计"等(图5-1-6)。

（三）课程体系

在课程设置方面,专业由通识教育课程、学科专业教育课程、综合实践课程三个模块组成,在学科专业教育课程中,开设了专业必修课程与专业选修课程,在选修课中还有部分必选课,以保证学生知识面的完整。同时,作为艺术学科,尽量在不影响主干课的前提下,多开设选修课程,让学生更多地掌握知识,提高自己的综合能力与素质。通过拓展专业内容、深化专业内涵、调整专业方向,创建以学生为主体、以教师为主导的学分制的教学模式。除制订科学的培养方案和合理的课程设置等方面外,为了突出服装表演专业的教学特色,在现有专业基础课之上,合理安排了"时尚营销""礼仪常识""时装表演艺术赏析""时尚趋势分析"等课程,使课程设置体现针对性、适应性、多样性和前沿性。使学生在掌握基本知识规定课程外,学习综合能力课程,使之达到"厚基础,宽口径"的培养目标,充分体现以学生为主体的教学理念,强化学生毕业出口的宽泛性。

（四）知识与能力的培养

本专业学生主要学习服装表演的技能与技巧、时尚信息、服装设计方面知识,通过学习掌握一定的基本理论知识,具有独立的工作能力,能为能够全面适应社会需求的全方面人才。毕业生应获得以下几个方面的知识和能力:(1)掌握本专业的基础理论、基本知识和基本技能;(2)熟练掌握时尚服装表演技巧和理论知识以及服装设计、饰品设计、形象设计等专业知识;(3)了解服装表演发展历史、现状和发展趋势,并具备鉴赏、分析、审美判断和创新能力,了解本专业及相关学科的发展动态;(4)了解党和国家的文艺方针、政策和法规;(5)掌握文献检索、资料查询的基本方法,具有一定的教学科研能力,具有健康的体魄和良好的心理素质,达到大学生体育合格标准。

四、高校服装表演专业建设的发展现状

（一）培养方式的创新与特色围绕就业情况

各学校积极探讨研究,改善培养方案,在结合各自省内外院校开设该专业的基础上,认真总结发掘符合本专业的课程设置体系。通过课程调整既能体现本专业在社会中的需求量,又可不断完善课程内容打造专业特色,并且始终以教学目的为依托,将常规教学、社会实践、就业情况三位一体结合。以市场对人才的需求为指导,培养出综合素质较强的高级复合型人才。

（二）与行业发展同步的创新与特色

（1）各高校积极协办各种知名的专业类比赛大赛，引进包括高校大学生服装表演邀请赛、中国模特之星大赛、新面孔模特赛、中国职业模特大赛、龙腾精英超级模特大赛、上海国际模特大赛等具有影响力的比赛，在有条件的基础上实现校企联合（图5-1-7）。

图 5-1-7　龙腾模特大赛图片

（2）各高校积极尝试以工作室的形式设立实践教学基地，扩大实践活动半径。作为新兴专业正越来越被整个社会所接纳认可，作为国民消费水平的一部分，其独有的社会效应与商业价值所带动起来的时尚产业，影响了大众的消费观、审美观。

五、高校专业教育是促进我国服装表演艺术发展的关键

为使服装表演艺术更好地发展，首先要提高其人才储备的质量。服装表演艺术的培养院校应该首先起带头作用，对培养的模式和方法积极进行改革，确保该专业毕业生高质量、高水平，为促进专业发展增砖添瓦。

首先，高校应该确定其培养方向，制定合理、明确的教学目标，对学生的综合能力及素质进行有针对性的培养。学校可以开设有特色的科目，从而进行课程改革，保留有价值的课程，摒弃不适用或已被时代淘汰了的内容。

其次，时尚的要求是跟随市场需求的变化而变化的，服装表演艺术的适用风格和发展特点也是依据市场而定的，所以市场如何发展、时尚风向标导向等热点问题，应是服装表演院校关注的重点。另外,艺术和时尚是无国界的,服装表演艺术本就是舶来品,该专业的培养也不能闭门造车,因此,与国内外不同高校、专家进行交流,这对于提高本专业学生的质量是必需的。学校可以尽量多地争取这样的机会,为学生提供更多走出校门的实践活动,丰富他们的经历,开拓他们的眼界,为以后的专业发展提供更加丰富的知识储备。同时,服装表演专业学生在进行某些校外实践活动时,可能会与校内文化课程的学习产生冲突,届时学校可以对学生所参与的实践活动进行科学评估,如果符合培养目标和要求,为了确保能够达到预期的实践效果,学校可以适当调整学分计算制度,将实践时间折合成课时,这样既可保证学生完成校内规定的学分,又让学生进行了有价值的社会实践。

最后,整个时尚文化产业素来以个性为先,我们在对服装表演专业学生进行教育培养时,要时刻注重加强个性化的培养力度,创新培养模式,不要禁锢在传统的教育理念中,甚至可以将课堂搬出教室,由此加强学生的个性化发展。

服装表演艺术自1979年皮尔·卡丹先生在北京举办国内第一场服装表演开始,已经在我国走过30多个年头,发展之迅速让人惊叹。服装表演艺术之所以能够在当今社会盛行,成为重要的文化现象之一,高等学校的培养功不可没。从对服装产业的推动以及对品牌的塑造作用,到对文化与时尚的弘扬和引导,正是基于高校服装表演专业在课程设置和培养中这种非物质性的导引作用,才使得服装表演艺术更具精神性,才使得服装表演艺术在其光鲜背后有其独特的社会价值与文化价值。

我国的服装表演艺术发展充满了鲜明的中国特色,同样,也正是这种中国特色才让这项艺术形式在我国生根、发芽、蓬勃发展。历时二十多年不懈努力,许多高校培养了大批高素质的服装表演专业人才(图5-1-8—图5-1-11),为我国的服装表演市场不断注入

图 5-1-8 苏州大学 孙菲菲 高校培养的超模

图 5-1-9　北京服装学院　金大川　高校培养的超模

图 5-1-10　天津工业大学　何穗　高校培养的超模

图 5-1-11　东华大学　奚梦瑶　高校培养的超模

新鲜血液。在此推动下,服装表演艺术在我国得到越来越广泛的认知,发展体系也日益完善。随着经济和文化产业的不断发展,服装表演艺术在社会上的地位越来越重要,在当今经济全球化和中外文化的不断冲击下,社会和政府也为服装表演艺术在我国的发展创造了一个健康、自由、充分的环境与氛围。这样,我们才能够在技术和审美不断更新换代的今天,为服装表演艺术找到进一步提高的新定位,从而促成服装表演艺术的新跨越。

第二节　服装模特表演专业学生学习特点分析

服装表演专业的特点决定了从事模特这一行的特殊条件,所以全国各艺术院校服装表演专业的学生必然是经过数次筛选,最终由行家们认定符合要求,能够在表演专业中有所发展的人。事实上,艺术院校的模特成为优秀模特的人数毕竟不多,除了专业素质上存在的极小的个别差异外,还有多方面的因素。笔者认为,其中较重要的乃是人的个性心理差异,也就是气质、性格、能力、兴趣、理想、意志力等方面的差异。这些差异使得许多学生尽管专业条件很好,但最后只能成为一般的模特而非优秀的超级模特。心理素质的高低与模特成才有着非常密切的关系。

一、模特表演专业学习中心理素质的培养

心理素质是人们心理活动的一种综合反映,这种心理活动反映在生活、工作中便形成心理现象。心理学家把这种心理现象分为心理过程和个性心理两大范畴,又把心理过程分为:(1)认识过程,它是通过感觉、知觉、表象、记忆、想象、思维和言语来完成的;(2)情感过程,它感染着人的整个内心生活,是一种积极力;(3)意志过程,表现在自身调节、自觉地努力与控制自己的行为上,而表现在克服困难和障碍时尤为突出。把个性的心理分为个性倾向性和个性心理。个人的需要、动机、兴趣、爱好、信念、理想等都属于个性心理。由于每个人生活环境不同,所受教育的程度不同,兴趣爱好、个人志向、性格、气质等都有所不同,由此产生的心理过程就不一样。个性心理是通过心理过程在实践的基础上逐渐形成和发展起来的,只有在心理过程中才能表现出个性心理的差异。心理过程和个性心理有机地组成人完整的心理面貌,呈现着各种不同的心理现象,而不同的心理现象支配着人们去处理各种事物,这就意味着心理素质的好坏将对感情的成败起着至关重要的作用,因此我们不可忽视心理素质对人的发展的重要性。

服装表演是一种通过人体为物质材料对服装进行阐释的综合性艺术,也是一种以心智技能与动作技能有机结合的表演艺术。由于动作技能是由一系列特定的动作方式构成的动作系统,如步伐、造型、旋转等技巧,所以它们需要模特身体各部位一连串动作

的相互配合与协调,这必须通过反复练习才能获得。而心智技能是以人的认识活动为基础的,如服装模特表演时对服装风格的体现、对设计师创作意图的理解和对音乐节奏的控制以及同伴之间的协调、默契等。模特只有在心智技能的指导、调节和制约下,才能通过动作技能来表达设计师的创作意图,体现服饰的风格。要使模特在服装表演技能的学习过程中,把心智技能与表演动作技能完美地结合起来,达到优美、流畅的境界,至少要用两三年的时间进行系统的学习和训练。在这样一个过程中,心理素质的高低不能不说是一个关键。前面谈到的人的心理现象,尤其是个性心理中的人的兴趣、动机、需要、理想、意志、勤奋、自信心等都是在培养优秀模特人才过程中缺一不可的。既然服装表演是以人体动作为表现手段的,需要在不同风格的服饰展示中体现设计师的创作意图,完成对服饰的二度创作,那么服装模特必须具备一定的表演技能、技巧及表现力。而作为优秀模特,他们除了必须具备的条件外,还必须有良好的创造思维和表演能力、丰富的想象力及坚强的意志品质。在达到这样一个高水准的长达几年的学习训练时间里,训练走台的步伐、造型以及旋转等枯燥的技能技巧,不知要吃多少苦头、流多少汗水,无论是从精神上还是肉体上都需经过许多艰苦的磨炼。如果没有良好的心理素质,就无法承受许多难以想象的思想压力和精神压力。这就说明想成为出色的模特,除了需要自身具备较好的服装表演专业基本素质外,还必须要求他们对自己的专业有执着的追求,充满热情的自信心并同时具有能吃苦、不畏难、不怕挫折等良好的心理素质,以坚强的意志力排除一切障碍,克服一切困难。如果模特们具有良好的心理状态,随时能够调整自己的情绪和情感,冷静地处理在学习和训练中出现的一切问题,就能出色地完成自己的学业,为以后的大赛或演出打下坚实的基础。古往今来,不乏这样的人,他们在走向成才道路之初,勇气百倍,遇到挫折之后由于没有良好的心理素质不能勇往直前,结果功亏一篑。对服装表演这种既是心智技能又是动作技能、专业性较强的艺术,在培养人才的过程中,每个模特的心理状态包括热情、信念、决心、怀疑、沮丧、消沉等,都直接影响训练结果。

二、模特表演专业学习中意志力的培养

绝大多数艺术院校服装表演专业的学生,仅仅是凭自身的“硬件”条件和对服装表演专业的热爱才报考的,他们根本不会想到在耀眼的 T 型台背后,是艰苦的训练,所以他们对踏入这个殿堂,并将为之付出许多艰辛和努力的心理准备不足。特别是现在的学生多数是独生子女,从小在父母的溺爱下养成了娇气、孤傲、软弱的性格,在服装表演技能训练中吃苦精神差、情绪稳定性差,缺乏很强的意志和韧性,缺乏克服困难的勇气和毅力。就这个专业的部分学生来看,他们的专业条件非常好,不论是在表演技能课、形体训练课还是舞蹈课方面,成绩都不错,有的还是班上的优秀生。按理说这些学生不应该有信心不足等心理障碍,但往往就是这些学生在这方面的心理障碍较一般学生反映得更为明显。由于他们的意志品质还很不成熟,常常被老师的批评或表扬所左右,引起情绪上的大起大落,特别是在参加模特大赛时,遇到条件比自己好的选手,马上自信心不足,对比赛产生一种畏惧心理,背上沉重的思想包袱,从而影响了在比赛中正常发挥。这些学生,由于他们的成绩在班里名列前茅,因此在学院或任课老师、同学的眼里,都是佼佼者、好学生,认为理当在方方面面都是优秀的,这种环境氛围,无形中给他们造成很大的压力。曾经有一位获得过模特大赛国内奖项的学生说过,年级高了,不愿再参加模特大赛了,如果与低年级同学一起参加比赛,自己得的奖项没有低年级同学高,或者低年级同学获奖了而自己没获奖,那将是一件没面子的事。由此可以看出这些学生在理想、抱负、兴趣、意志、毅力、情绪等方面都是极为简单、脆弱和不稳定的。如果他们想保持自己的优势,就必须比别人付出更多努力和汗水,在克服困难和排除环境干扰方面需要有更大的心理承受能力。

三、模特表演专业学习中个性心理的培养

同一班级的学生模特,虽然在专业基础条件上大体相同,但由于各自个性心理的差异,反映在学习效果上会有不同程度的好坏之分。为取得良好的教学效果,培养出优秀模特人才,教师必须针对不同个性类型的学生模特进行不同的心理品质培养。服装表演需要由大脑支配头、躯干、四肢等进行多方面协调,也就是说需要有良好的注意品质,有的模特在训练或大赛时很容易受干扰,注意力不能完全集中在动作上,这就需要教师在教学中有意识地去培养他们的注意品质,在设计服装表演教学方法时,设法把模特的注意力组织到教学中去,根据模特情况调节训练节奏和训练方法,不能只按一个模式、一种方法进行教学。例如,在服装模特基本走台步伐的训练中,长时间的单一练习容易让模特产生厌倦感,教师可以营造各种风格服饰的氛围,造成多变、轻松的课堂气氛,使模特保持在一个良好的状态上学习。许多技能方面的练习与训练都是既枯燥又辛苦,但这些练习又都是缺一不可的重要基础训练,需要靠有意注意来坚持,因此必须培养模特强烈的求知欲望,用坚强的意志力去克服学习训练上分心走神等毛病。

对于一些专业条件不太好的、有自卑感的模特,要让他们增强克服困难的勇气和毅力,防止消极情绪产生,教师要去理解他们,了解其症结所在,善于发现他们的长处和优点,让他们在心理上感到老师是关心他们的,而不是歧视他们,使之心理上达到一种平衡。如苏州大学艺术学院第一届模特班的一名学生,以模特的专业条件来衡量,差距很大,但她在教师的帮助下,一边努力学习模特的表演技能,一边坚持旁听服装设计本科班的专业课,在毕业后成为一名优秀服装设计师,获得国内服装设计比赛金奖,并指导专业模特表演,推出自己的品牌。

对于一些条件较好,但接受能力较慢的模特,要注意培养其意志的坚持性,这些模特在学习难一些的表演技能之初,往往不如反应能力强的模特完成得好,因此,表现在心理上胆小、不自信,但只要经过一段时间的训练,其潜在能力就显现出来,往往比反应快的模特学得扎实得多,这类模特如果常给予鼓励和激励,在重大演出或比赛中往往会有超水平的发挥。

因此要培养优秀的服装表演人才,不仅仅是把精力投入专业教学中去,还应在进行专业教学的同时,倾注满腔的热情,去关心爱护模特,并针对服装表演训练中模特出现的心理障碍进行排解,注意对模特进行心理素质的训练,使更多的模特具有优良的艺术禀赋、坚强的意志和锲而不舍的毅力,能够经受起严峻的、长期训练的考验,去摘取服装表演艺术的桂冠。

第三节　服装模特表演中心理状态及其调节方法(以比赛为例)

当今社会很多具有一定身高和形象的帅哥靓女很向往做一个服装模特,更想成为一名名模。但是,一名优秀的服装模特在成长的过程中,并不会只因为拥有身高和形象等自然条件就能做到,还要付出艰辛的努力,同时也要掌握机遇。[①] 模特大赛是一个平台,虽说一个模特能否走得更远不完全取决于是否在大赛中获得大奖,但大赛最突出的作用能让具有潜质的模特迅速成为焦点,所以,参加模特大赛是给予自己一个推广的平台和成就名模的机遇。

在当今紧张激烈的模特比赛中,比赛的胜负虽然很大程度上取决于模特的自身条件、身体素质水平及赛前的一系列训练因素。但不可否认的是,仅靠如此还不能完全保证服装模特能够充分地发挥出个人已具备的潜力。多年的训练和比赛经验使教师越来越认识到这样一个事实,即模特的心理品质对其在比赛中的表演技能的发挥起着极其重要的作用。良好的身形条件是模特比赛中创造好成绩的基础,恰到好处的表演技能是模特比赛发挥专业素质水平的保障,而良好的心理素质是模特比赛正常发挥身体素质和表演技能的关键,也有人称之为"催化剂"。由此可见,心理素质的确是优秀模特的一项关键素质,应作为模特大赛前重要的训练内容而给予足够的重视。据有关资料显示,在现代体育运动训练中,心理训练的比重约占整个训练比重的30%,因此,为了使服装模特在模特大赛中出成绩,对模特大赛中不良临场心理应激状态的基本特征进行分析,调节模特比赛心理状态显得至关重要。

---

①　戴岗,孙亚乾.时装模特比赛中的心理状态及其调节方法的研究[J].才智,2014,(26):297—297,299.

一、模特大赛前紧张心理的成因

1. 主观因素

服装模特的个性特点决定赛前的紧张程度。一般规律是,神经系统兴奋性较强、神经敏感度较高的模特在比赛前和比赛中更容易产生极度紧张和惊慌的情绪。这类模特非常容易受到比赛气氛的感染。例如 CCTV 电视模特大赛的特殊评判方式——绿灯行、红灯停(图 5-3-1),如果前面选手三盏红灯提出警告,会使紧跟其后的模特紧张情绪过分加强。另外在比赛中,当同校或同地区的模特表现更为优秀时,也会使他们产生极度紧张的情绪,甚至对自己完全失去信心并对服装表演的技能动作失去控制。神经系统兴奋性较弱的一些模特则常常对比赛表现出一种迟钝、涣散的状态,他们虽不易产生非常紧张的情绪,但也极难使他们自己在比赛中获得最佳的竞技状态。

图 5-3-1　CCTV 电视大赛

在比赛中,当模特把过多精力放在比赛结果上,只想取得好名次而恐惧失败时,也很容易使自己的情绪陷入极度紧张中,造成头脑一片混乱,难以发挥正常的表演技术水平,其结果适得其反,往往与好名次失之交臂。

还有一些缺乏自信而又非常想取得好成绩的模特,更容易出现极度紧张情绪。这种自信心的缺乏可能是多种原因造成的,如首次参加规模较大、水平较高的比赛,服装表演技能不稳定,在平时训练中没解决的技术阴影仍然存在等。

身体反应对一些敏感的模特来说也很致命。有些模特在大赛前睡眠较少,因为要控制体重,饮食上相对平时训练时的胃口要差一些,这些情况均可能造成其恐慌、惧怕等紧张情绪,而且一旦在比赛中出现一点不顺利的状况,这种恐慌紧张的情绪就会加剧。

2. 客观因素

一般来讲,比赛越重要,意义越特殊,出现紧张的程度也越大。现在的大多数模特比赛都是晋级赛,随着比赛的深入,留下的选手越来越少,条件和水平越来越高,都可能

影响到参赛选手的发挥。另外比赛中评委的情绪变化、言行举止也会让台上的模特产生心理变化。在评委的点评或亮灯过程中,一类模特不服输,一类模特却更容易产生紧张心理,如果再加上领队和家人对比赛的关注,不可避免会造成赛事中模特的心理压力。

模特大赛不同于其他比赛,在比赛的进行过程中,比赛的环境(内场、露天)(图 5-3-2、图 5-3-3)、规定服装的分发与模特的个性气质是否符合

图 5-3-2　**室内大赛场景　中国超级模特大赛**

图 5-3-3　**室外比赛场景　世界模特大赛**

等因素,都有可能造成模特在比赛中的不良情绪,往往在正式上场前,有些模特就已经输给那些专业水平差不多但心理素质比较过硬的模特了。

从对模特在大赛中紧张情绪成因的分析可以看出,影响模特在比赛中获得好成绩的主、客观因素是相互联系、相互影响的。模特的表演技能和形体条件是其完成比赛的保证,临场的心理因素又同时影响着模特在比赛中的发挥,尤其是在总决赛中,就参赛的模特来讲,形体条件和表演技能都不会差出很多,影响比赛成绩的主要因素是模特的心理因素。

二、模特大赛心理技能训练的方法和内容

心理技能训练(Mental Training)也叫心理训练,广义来讲,它是指有目的有计划地对受训者的个性心理施加影响的过程。狭义来讲,心理技能训练是采用特殊手段使受训者学会调节和控制自己的心理状态并进而调节自己行为的过程。

心理技能训练是当代服装表演专业对模特进行训练不可缺少的一部分,它影响、制约着模特在大赛中的表现和改善,可促进模特心理过程的不断完善,形成模特大赛中所需的良好个性心理特征,获得高水平的心理能量储备,使模特心理状态适应比赛的要求,为达到最佳比赛状态取得好成绩奠定良好的心理基础。

心理调节能力和模特的表演技能、形体塑造一样受后天环境与实践活动的影响,可通过有意识的训练获得和提高。模特的心理调节训练也要遵循一般技能学习的规律,必须长期地、有效地进行。在技能学习中常用的心理训练有:放松训练、表象训练、注意训练、目标设置训练、暗示训练和模拟训练等。综合考虑模特比赛的特点和各影响因素之间的关系以及现有的实验条件,本研究选取放松训练、表象训练和模拟训练作为参赛模特前期的心理技能训练手段。

1. 放松训练

放松训练(Relaxation Training)是以暗示与集中注意,调节呼吸,使肌肉得到充分的放松,从而调节中枢神经系统兴奋性的过程。目前在模特赛前训练中普遍采用的是美国芝加哥生理学家雅布克森(Jaeobson,1938)首创的渐进性放松方法、德国精神病学家舒尔兹(Schultz&Luthe,1959)提出的自身放松方法和中国传统的以深呼吸和意守丹田为特点的松静气功等三种放松方法。[①] 在训练时要求模特注意力高度集中于自我暗示语或老师的暗示语,运用深沉的腹式呼吸,全身肌肉完全放松。平时在日常生活中大多数人都有这样的体验:心理紧张时,骨骼肌也不由自主地紧张、僵硬,说话哆嗦,全身发冷;心理放松时,骨骼肌也自然放松。由此看出,大脑与骨骼肌具有双向联系,即信号

---

① 马威. 心理技能训练对高校男篮运动员罚球命中率影响的研究[D]. 武汉体育学院学位论文,2006

不仅从大脑传至肌肉,也从肌肉传往大脑。从运动器官向大脑传递的神经冲动,不仅向大脑报告身体情况,而且也引起大脑兴奋的刺激,因而肌肉活动就积极,从肌肉往大脑传递的冲动就多,大脑就更兴奋,模特在赛前通过暗示,使自身的肌肉放松,向大脑传递的冲动就减少,大脑的兴奋性降低,心理上便感到不怎么紧张了,大赛中的状态就能从容地表现。

学会这种放松练习后的模特可以清醒地意识到:中枢神经系统的兴奋性降低了,能降低由情绪紧张而产生的过多能量消耗,使身心得到适当的休息并加速恢复,同时,全身各部分肌肉的放松,中枢神经系统处于适宜的状态,注意力高度集中,也是许多心理调整练习的基础。

2. 表象训练

表象训练(Imagery Training)是在暗示语的指导下,在头脑中反复想象某种运动动作或运动情景,从而提高运动技能和情绪控制能力的过程。表象训练有助于模特建立和巩固正确的动力定型,有助于加快表演动作的熟练性和加深表演技能动作记忆。比赛前对于成功的台步、造型亮相等动作表象的体验将起到动员作用,使模特充满必胜的信心,达到最佳的赛事状态。在大赛前对模特的集中表象训练中,模特们能加快服装表演技能的学习,有利于巩固和熟练掌握 T 台上的步伐、表情、造型亮相、镜前表演等技术,还能引起模特必要的生理反应,提高唤醒水平,最为重要的是帮助模特集中注意力,扩大注意范围,增强成功意识和比赛信心,从而提高训练效果,促进模特的比赛发挥。

在模特大赛前的表象训练中,表象的内容可以是服装表演技能的单个动作、组合动作、完整动作,或者是模拟比赛中的成功和失败体验。通过提高模特在大赛中运用表象来巩固服装表演技能的动力定型,集中注意,增强信心,可以使其更好地进入比赛状态,取得较好成绩。

通过对服装表演大赛中引起模特紧张心理因素的分析,在日常的训练中应加强模特的心理训练,使参赛模特的心理承受能力逐渐加强,这样才能在比赛中有效地控制自我,冷静地面对比赛中出现的意外事件,并能随机应变,使表演技能运用自如,充分发挥自己的潜能,克服比赛中紧张心理造成的心理误区,达到培养和提高表演能力的目的,使模特在比赛中达到最佳的竞技状态,得到最佳的比赛效果。

后 记

当我完成这本书最后一个字的时候,手中沉甸甸的书稿好似我心中的感受。

多年来,繁重的本科教学工作、繁忙的重大演出活动策划和排练,以及指导学生参赛,让我的生活充实而愉悦。尤其是看到学生能把服装模特专业知识与技能在大赛中得到运用和展示,并取得可喜可贺的成绩时,更加兴奋和激动,并多了一些对专业与人生的感悟。2015 年 11 月—2016 年 4 月,我有了一次为期半年的访学机会,在台湾师范大学表演艺术研究所交流期间,我对二十几年的模特表演专业教学进行了回顾。

在服装表演专业教学中要努力做到"理论与实践相结合,但在实践的过程中,必须指导学生的主动自我学习"。这一点在我多年的教学过程中收获颇多,深有感触。

与此同时,特别感谢研究生郑天琪帮我收集和整理图片,任克雷和尤鑫宇作为模特,完成了形体训练部分的照片拍摄。感谢艺术学院的领导、同事们和学生们长久以来对我的支持。由于本人的文字能力欠缺,存在不足和差错在所难免,祈请各位专家同行不吝赐教。

2016 年 9 月 23 日